80-

BROMÉLIAS BRASILEIRAS

Margaret Mee

Patrocínio / *Sponsored by:* banespa

Impresso no Brasil / *Printed in Brazil*, 1992

INSTITUTO DE BOTÂNICA   GOVERNO DE SÃO PAULO   Secretaria do Meio Ambiente

INSTITUTO DE BOTÂNICA DE SÃO PAULO (IBt):

Coordenação científica / *Scientific coordination:* Maria das Graças Lapa Wanderley
Assessores científicos / *Scientific advisers:* Alasdair G. Burman
Beulah Coe Teixeira
Curadora da coleção de aquarelas / *Curator of the collection of watercolors:* Carmen Sylvia Zocchio Fidalgo
Colaboram nesta edição / *Collaborators:* Carmen Sylvia Zocchio Fidalgo
Alcides Ribeiro Teixeira
Sandra Farto Botelho Trufem
Carlos Eduardo de Mattos Bicudo
Luiz Mauro Barbosa
Agradecimentos / *Acknowledgements:* A Elton Leme, pela revisão das identificações dos gêneros *Canistrum*, *Neoregelia* e *Nidularium*;
to Elton Leme, for the verification of the identifications of genera Canistrum, Neoregelia *and* Nidularium;
à Dra. Marilza Cordeiro Marino, pelas sugestões apresentadas / *to Dr. Marilza Cordeiro Marino, for her suggestions*

EQUIPE EDITORIAL / *PUBLISHING STAFF*:

Coordenação editorial / *Publishing coordination:* Alternativa Serviços Programados:
Maria Inês Pereira Leite
Maria Silvia de Sampaio Doria
Lila Egydio Martins

Projeto gráfico / *Graphic design:* Diana Mindlin
Versão para o inglês / *Translation:* C. Stuart Birkinshaw
Fotografias / *Photographs:* Romulo Fialdini
Fotocomposição / *Photocomposition:* Typelaser
Fotolitos / *Photolithography:* Grafcolor
Impressão / *Printed by:* Pancrom Indústria Gráfica Ltda.

Dados Internacionais de Catalogação na Publicação (CIP)
(Câmara Brasileira do Livro, SP, Brasil)

Mee, Margaret, 1909-1988.
Bromélias brasileiras / aquarelas de Margaret Mee ; texto e comentários por Maria das Graças Lapa Wanderley. — São Paulo : Instituto de Botânica de São Paulo, 1992.

Texto em português e inglês.
Bibliografia.
ISBN 85-85131-41-1

1. Botânica - Ilustrações 2. Bromeliáceas 3. Mee, Margaret, 1909-1988 I. Wanderley, Maria das Graças Lapa. II. Título.

92-0930   CDD-584.220222

Índices para catálogo sistemático:
1. Bromélias : Ilustrações : Botânica 584.220222

BROMÉLIAS BRASILEIRAS

aquarelas de
Margaret Mee

texto e comentários por
MARIA DAS GRAÇAS LAPA WANDERLEY

Instituto de Botânica de São Paulo

Foto da artista / Artist's portrait: Claus Meyer

Patrocinando a publicação deste livro, o Banespa reafirma seu tradicional papel de empresa que apóia as iniciativas culturais da comunidade em seus diversos campos de expressão.

By sponsoring the publication of this book, Banespa reaffirms its traditional role as a company that supports the community's cultural enterprises in their various forms of expression.

banespa

SUMÁRIO
CONTENTS

FOREWORD

This book is of particular significance in that it brings to the Brazilian and international public, the incredible work of the British painter Margaret Mee, whilst she was working for the São Paulo Botanical Institute (IBt).

The book shows 59 watercolors representing 17 genera and 56 species of Bromeliaceae. These are Brazilian species, originating in several States from Brazil. Thanks to the care with which Carmen Sylvia Zocchio Fidalgo of the IBt has looked after these paintings, this material can be seen by the public in perfect condition and reproduced in this publication.

It was the exuberant Mata Atlântica of São Paulo that awoke Margaret Mee to botanical painting, and it was in the IBt in the 1960's that she became a professional and developed her incredible talents for botanical observation and representation.

Her stories of that time tell of her first expeditions in the still virgin areas around São Paulo. In an early three day foray from Itanhaém, near Santos, accompanied by her husband Greville and a friend, the group struck inland, sleeping in caboclo huts, unable to find food to buy and finishing up with an 18 km walk along a beach to a point from which they could get to Registro and back to São Paulo. None of this affected Margaret's indefatigable eagerness to depict the fascinating and new flora all around. When her husband and friend rested, she never stopped sketching and collecting the marvels around her.

When Dr. Lyman Smith of the Smithsonian Instutution was working with the Institute botanists on the monograph on Bromeliaceae for the Flora Brasilica, he used Margaret's paintings. The subject works of this book, formed the accompaniment to this treatise. His own book, "The Bromeliads", published in the USA in 1979 never did justice to Margaret's illustrations, a fact that disturbed her profoundly. Therefore, the present edition does the necessary job of correcting this situation after a lapse of many years.

Before Margaret's untimely death in 1988 she founded the Margaret Mee Amazon Trust, based in the Royal Botanic Gardens at Kew near London. After she died, the Fundação Botânica Margaret Mee was set up by her friends in Brazil, to perpetuate the traditions of this great illustrator, publicizing her work and ideals and giving scientific and artistic scholarships for work in the Amazon and the Mata Atlântica.

We are very proud of having been able to play a part in the creation of this oustanding publication, which will be of interest to botanists and lay readers alike.

PHILIP JENKINS
Chairman-Executive Council/Fundação Botânica Margaret Mee

PREFÁCIO

Este livro tem um significado especial para o mundo da botânica, pois traz pela primeira vez ao público brasileiro e internacional as aquarelas produzidas por Margaret Mee, na época em que trabalhava no Instituto de Botânica de São Paulo (IBt).

Trata-se de uma coleção de 59 aquarelas, reunindo 56 espécies de bromélias, distribuídas em 17 gêneros, representantes de diversos Estados do Brasil. Graças à dedicação de Carmen Sylvia Zocchio Fidalgo, que ainda conheceu Margaret no IBt, esta coleção encontra-se em perfeito estado de conservação, permitindo as reproduções que constam deste volume.

Foi junto à exuberância da Mata Atlântica paulista que Margaret despertou para a pintura botânica, e foi no IBt, como profissional, nos anos 60, que começou a desenvolver seus excepcionais talentos de observação e representação botânica.

Suas estórias, naquela época, contam as primeiras explorações nos arredores de São Paulo, ainda com áreas de mata virgem. Em sua primeira expedição de alguns dias, saiu de Itanhaém com seu marido, Greville, e uma amiga, dormindo em casinhas de caboclo, passando fome por terem imaginado que poderiam comprar víveres durante o trajeto, e acabando por ter que caminhar 18 km pela praia, com sol a pino, até o local de onde conseguiram chegar a Registro e retornar a São Paulo. Nada disso diminuiu a ânsia de Margaret em desvendar toda a flora fascinante e nova ao seu redor! Enquanto os outros descansavam, fatigados, ela continuava a desenhar e colher as maravilhas à sua volta.

As pinturas de Margaret Mee foram usadas pelo Dr. Lyman Smith, do Smithsonian Institution, quando trabalhou com botânicos do IBt no capítulo Bromeliaceae para a Flora Brasílica; seu livro, "Brazilian Bromeliads", publicado nos Estados Unidos em 1969, não fez jus à obra ilustrativa de Margaret, fato que preocupava profundamente a pintora. A presente edição preenche, assim, uma lacuna de muitos anos.

Antes de falecer, em 1988, a artista fundou a Margaret Mee Amazon Trust, sediada no Royal Botanic Gardens, em Kew, perto de Londres. Após seu prematuro desaparecimento, seus amigos no Brasil criaram a Fundação Botânica Margaret Mee, destinada a perpetuar as crenças desta grande ilustradora, divulgando sua obra e seus ideais, e oferecendo bolsas de estudo para desenvolvimento de trabalhos científicos e artísticos, especialmente na Amazônia e Mata Atlântica.

A Fundação se orgulha de ter contribuído para a criação desta extraordinária publicação, que certamente despertará o interesse tanto de leigos como de estudiosos da botânica.

PHILIP JENKINS
Presidente do Conselho-Diretor da Fundação Botânica Margaret Mee

AS AQUARELAS
THE WATERCOLORS

AECHMEA AQUILEGA (SALISB.) GRISEB. VAR. *CHRYSOCOMA* (BAKER) L.B. SMITH

(Do grego *aichmé*, ponta-de-lança). Refere-se aos lacínios do cálice, que terminam em ponta. (Do grego *chryso*, dourado, e *coma*, cabeleira). Refere-se à inflorescência lembrando cabeleira dourada. Esta planta apresenta ampla variação quanto à morfologia e coloração da inflorescência. As flores podem estar densa a frouxamente agrupadas e variam no todo desde o amarelo-dourado, o que inspirou o nome da variedade, *chrysocoma*, até o verde-claro, passando por vários tons de laranja. É terrestre, de grande porte, atingindo até um metro e meio de altura; exclusiva do nordeste brasileiro. Detalhes (da esquerda para direita): corte longitudinal do ovário; bráctea floral; estame.

(Generic name from Greek aichme, *'spearhead', referring to the points of the laciniate calyx; species name obscure; the variety name is from* chryso, *'gold(en)'* + coma, *'hair', describing the appearance of the inflorescence). The plant varies widely in its morphology and the colouring of the inflorescence. Flowers may be densely or loosely grouped and vary from the golden yellow which inspired the name of the variety,* chrysocoma, *to pale green, passing through various shades of orange. It is a large terrestrial plant, attaining a height of as much as 1m50 and is known only from the Brazilian northeast. Details (from left to right): longitudinal cross section of the ovary; floral bract; stamen.*

Margaret Mee
Gravisia aquilega, var. chysocoma
Pro. Serra de Baturité,
Ceará. 19.6.61

AECHMEA BREVICOLLIS L.B. SMITH

(Do latim, *brevis*, curto e *collum*, pescoço). Refere-se ao tamanho do eixo floral. O hábito da planta é muito característico pela disposição imbricada e vertical das bainhas, destacando-se das lâminas patentes. Além disso, são plantas bastante ornamentais pela coloração das folhas, com manchas castanhas a vináceas e pela inflorescência com escapo floral vistoso, variando do vinho ao laranja, com flores amarelas. Possui longos estolões, ocorrendo como epífita ou terrestre na floresta amazônica colombiana, venezuelana e brasileira.

(From Latin brevis, *'short', and* collum, *'neck', referring to the size of the floral axis). The habit of the plant is characteristic, the vertical imbricate disposition of the sheaths contrasting with the spreading leaf-blades. The plant is extremely ornamental; the leaves bear markings which vary from brown to wine-coloured, the attractive floral scape runs from wine to orange, and the flowers are yellow. The plant has long stolons and is epiphytic or terrestrial in the Amazon forests of Colombia, Venezuela and Brazil.*

Aechmea brevicollis
Proc: Amazonas, Rio
Uaupés, Taracuá.
Dez. 1964
Margaret Mee

AECHMEA CASTELNAVII BAKER

(Homenagem ao Conde de Castelnau, François Louis Nompar de Caumont de Laporte, naturalista francês que fez viagens exploratórias à América do Sul). A inflorescência desta espécie destaca-se pelo ovário precocemente desenvolvido, globoso, sépalas longamente acuminadas e pétalas lilazes. Possui folhas cobertas de escamas, que lhes dão coloração esbranquiçada característica. Ocorre desde a Costa Rica até o Estado de Goiás, no Brasil. Detalhe: corte longitudinal da flor mostrando o ovário, cálice e corola.

(Named after the Count of Castelnau, François Louis Nompar de Caumont de Laporte, French naturalist who made journeys of exploration to South America). The inflorescence of this species is notable for its precociously developed globular ovary, long acuminate sepals and lilac petals. The leaves are covered with scales which give them a characteristic whitish colouring. The species is common from Costa Rica to the State of Goiás in Brazil. Detail: longitudinal section of the flower, showing ovary, calyx and corolla.

Margaret Mee
Aechmea castelnavii
Serra de Baturité, Ceará

AECHMEA CAUDATA LIND.

(Do latim *caudatus*, caudado, que possui cauda). Refere-se às brácteas primárias, que são estreitas e alongadas formando longo espinho. A inflorescência é bastante vistosa, com flores amarelas a purpúreas. São plantas saxícolas ou epífitas nas florestas brasileiras.

(From Latin caudatus, *'tailed', referring to the long spine formed by the thin elongate primary bracts). The inflorescence is very striking, with yellow and purple flowers. The plant grows on rocks or as an epiphyte, in the Brazilian forests.*

Margaret Mee

Aechmea caudata
cult. Instituto de Botânico
São Paulo

AECHMEA CYLINDRATA LIND.

(Do grego *kylindros*, cilindro). Refere-se ao contorno da inflorescência. A inflorescência é constituída por numerosas flores densamente dispostas, de coloração rosa e azul. São plantas epífitas ou terrestres nas florestas brasileiras e no nordeste da Argentina.

(From Greek kylindros, *'cylinder', referring to the shape of the inflorescence). The inflorescence is composed of numerous densely-grouped pink and blue flowers. The species is epiphytic or terrestrial in Brazilian forests and in northern Argentina.*

Margaret Mee
Aechmea cylindrata
Miracatu, São Paulo

AECHMEA FERNANDAE (E. MORR.) BAKER

(Origem do nome desconhecida). Nesta planta, chama a atenção a coloração diferenciada das folhas, sendo verdes na face superior e avermelhadas na inferior. Além disso, possui inflorescência globosa, vistosa, com brácteas de cores variadas desde o vermelho brilhante, passando pelo rosa, vinho, até o verde-amarelado. As flores são amarelo-esverdeadas. A espécie é endêmica no Estado do Amazonas, Brasil.

(Origin of the specific name unknown). The leaves of this plant are attractive on account of their colouring, green on the upper surface and red underneath. The striking inflorescence is globular, with bracts varying in colour from bright red to pink, wine, or even yellow-green. The flowers are greenish yellow. The species is endemic to the State of Amazonas, Brazil.

Aechmea fernandae

AECHMEA LINDENII (E. MORR.) BAKER

(Homenagem a Jean Jules Linden, botânico luxemburguês). Possui roseta infundibuliforme, com bainhas alargadas e lâminas verde-esbranquiçadas. A inflorescência cilíndrica possui flores com pétalas amarelas, contrastantes com as sépalas vermelhas. Ocorre no sul do Brasil, nos Estados de Santa Catarina e Rio Grande do Sul.

(Named after Jean Jules Linden, botanist, native of Luxembourg). The plant forms a funnel-shaped rosette, with wide sheaths and whitish-green leaf blades. The cylindrical inflorescence bears flowers with yellow petals which contrast with the red sepals. The species occurs in southern Brazil, in the States of Santa Catarina and Rio Grande do Sul.

Margaret Mee
Aechmea lindenii C. Koch
Proc: Santa Caterina,
Lagona, Agosto, 1962
65.

AECHMEA NUDICAULIS (L.) GRISEB.

(Do latim *nudus*, nu, e *caulis*, caule). Com referência ao caule com brácteas inconspícuas. A inflorescência é vistosa pela presença de brácteas grandes e vermelhas e pelas flores amarelas a vermelhas. Espécie de distribuição pantropical, freqüente nas restingas do litoral e nas matas do sudeste brasileiro. Detalhes (da esquerda para a direita): sépala, pétala, estame e apêndices petalares; corte longitudinal do ovário; flor completa, com bráctea floral.

(From Latin nudus, *'naked'* + caulis, *'a stem', referring to the inconspicuous bracts). The attractive inflorescence has large red bracts, and the flowers are red and yellow. The species is pantropical in its distribution, and is frequent in* restinga *forests in southeastern Brazil. Details (from left to right): sepal, petal, stamen and petal appendages; longitudinal section of the ovary; the complete flower, with floral bracts.*

Margaret Mee
Aechmea nudicaulis

AECHMEA ORGANENSIS WAWRA

(Refere-se ao local de coleta do espécime-tipo, a Serra dos Órgãos, no Estado do Rio de Janeiro, Brasil). Espécie próxima de *A. caudata*, pela presença de espinhos no ápice das sépalas. Planta epífita, com delicadas inflorescências cujas flores variam do azul ao roxo. Ocorre desde o nível do mar até 1.200 m de altitude, do Estado do Rio de Janeiro ao do Paraná, Brasil.

(The specific name refers to the Serra dos Órgãos, in the State of Rio de Janeiro, Brazil, where the type material was collected). The species resembles A. caudata *in that both have spines at the apex of the sepals. The inflorescence is delicate, and the flowers vary in the same inflorescence from blue to purple. The plant is epiphytic, and grows from sea-level to 1,200 m from the State of Rio de Janeiro to the State of Paraná, Brazil.*

Aechmea organensis
Wawra.

AECHMEA ORNATA BAKER VAR. *HOEHNEANA* L.B. SMITH

(Do latim *ornata*, ornada). Refere-se às brácteas com espinhos apicais desenvolvidos; *hoehneana* homenagem ao botânico Frederico Carlos Hoehne, fundador do Instituto de Botânica de São Paulo. Muito característica nesta espécie é a presença de inflorescências cilíndricas, de flores azuis e brácteas providas de longo espinho terminal, variando do verde ao vermelho. São plantas terrestres ou epífitas, ocorrendo do Estado de São Paulo até o de Santa Catarina. Detalhes (da esquerda para a direita): pétala e estame; estame; sépala; flor completa; bráctea floral com longo espinho terminal.

(From Latin ornatus, *'ornate', referring to the bracts with apical spines;* hoehneana *honours the botanist Frederico Carlos Hoehne, founder of the Institute of Botany, São Paulo). The species is characterized by its cylindrical inflorescences of blue flowers and by its bracts, green to red in colour and armed with long terminal spines. The plants are terrestrial or epiphytic, and are common from the State of São Paulo to the State of Santa Catarina. Details (from left to right): petal and stamen; stamen; sepal; complete flower; floral bract with long terminal spine.*

Margaret Mee
Aechmea ornata, var.
hoehneana. Det. L. B. Sm.
31 - 1 - 1961: Instituto de
Botanica, São Paulo. (cult.)
27

AECHMEA VANHOUTTEANA (VAN HOUTTE) MEZ

(Homenagem a Louis Benoît Van Houtte, horticultor belga). Possui inflorescência vigorosa, de flores azuladas. As brácteas estéreis envolvem fortemente o escapo floral e possuem longo espinho terminal. O aspecto da planta é bastante agressivo, pelos robustos espinhos recurvados da margem foliar e pelo ápice da folha pontiagudo e vermelho. Detalhes (da esquerda para a direita): ápice da bráctea, flor completa, corte longitudinal do ovário, pétala e estame, sépalas mostrando pilosidade basal.

(Named after Louis Benoît Van Houtte, Belgian horticulturalist). The plant has a vigorous inflorescence with blue flowers. The sterile bracts wrap firmly around the floral scape and have long terminal spines. The plant is aggressive in its appearance due to the large curved spines on the leaf margins, and to the red pointed tips of the leaf. Details (from left to right): apex of the bract; complete flower; longitudinal section of the ovary; petal and stamen; sepals showing pilose base.

Aechmea van houtteana
Campos de Jordão
São Paulo
Margaret Mee

BILLBERGIA AMOENA (LODD.) LINDL.

(Homenagem ao botânico sueco J.G. Billberg; do latim *amoena*, graciosa). Significando planta graciosa. É bastante decorativa, com brácteas grandes e vermelhas, que protegem longas flores verdes, de ápice azulado, dispostas em inflorescência ereta. As folhas formam roseta tubular, muito ornamental; são variegadas, providas de pontuações ou faixas esbranquiçadas. Espécie epífita ou terrestre, formando densas touceiras na Mata Atlântica do sudeste brasileiro. Detalhes (da esquerda para a direita): corte longitudinal do ovário; flor completa; bráctea floral e detalhe dos apêndices na face interna da corola.

(Named after Swedish botanist J.G. Billberg + Latin amoena, *'graceful', referring to the appearance of the plant). The plant is very decorative; the large red bracts protect long green flowers with blue tips, disposed in an erect inflorescence. The leaves form a very ornamental tubular rosette; they are variegated and have white stripes or spots. An epiphytic or terrestrial species, it grows in dense clusters in the Atlantic Forest of southeastern Brazil. Details (from left to right): longitudinal section of the ovary; complete flower; floral bract and detail of the appendages on the inside of the corolla.*

Billbergia amoena
Barra de Tijuca
Guanabara
Margaret Mee

BILLBERGIA PYRAMIDALIS (SIMS.) LINDL.

(Do grego *pyramis*, pirâmide). Refere-se à inflorescência de forma piramidal, que possui vistosas brácteas vermelhas e brilhantes. Pelo seu aspecto ornamental e facilidades de cultivo, é universalmente utilizada em decoração de interior. Exclusiva do Brasil, ocorre como epífita desde o Pará até o Rio de Janeiro. Detalhes (da esquerda para a direita): base da pétala com apêndices; pétala e estame com apêndices basais; cálice.

(From Greek pyramis, *'pyramid', referring to the pyramid-shaped inflorescence. The plant has attractive brilliant red bracts and is widely used for interior decoration on account of its ornamental appearance and ease of cultivation. Exclusive to Brazil, it occurs as an epiphyte from Pará to Rio de Janeiro. Details (from left to right): base of petal with appendages; petal and stamen with basal appendages; calyx.*

Margaret Mee
Billbergia pyramidalis
Pr. Caraguatatuba Reserva
Florestal, S. Paulo 27.6.61.

BILLBERGIA SANDERIANA E. MORR.

(Homenagem ao coletor e horticultor inglês Sander). Espécie semelhante a *B. amoena*, diferindo pelas inflorescências pendentes. Suas flores verdes e azuis e brácteas vermelhas são atrativas aos beija-flores. Formam densas touceiras sobre árvores nas matas brasileiras, desde o Espírito Santo, Minas Gerais e Rio de Janeiro.

(Named after the English collector and horticulturalist Sander, who collected the type material). The species is similar to B. amoena, *differing in its pendant inflorescences. The green and blue flowers and red bracts are attractive to humming birds. The plants form dense clumps on trees in Brazilian forests, in Espírito Santo, Minas Gerais and Rio de Janeiro.*

Margaret Mee
Billbergia amoena
Var: penduliflora
Pedra do Sapo, São Paulo

BILLBERGIA VITTATA BRONGN EX MOREL

(Do latim *vitta*, fita ou faixa). Refere-se às faixas ou fitas que marcam as folhas. Aqui destaca-se a beleza das cores e a delicadeza da inflorescência, além da sutileza das pétalas enroladas, de onde emergem os estames e os estigmas espiralados. Planta epífita nas matas brasileiras e saxícola nos campos rupestres brasileiros.

(From Latin vitta, *'band' or 'stripe', referring to the striped pattern on the leaves). The species is notable for the beauty of the colours and the delicacy of the inflorescence; also the subtle curling of the petals, whence the stamens and the spiral stigma emerge. The plants are epiphytes in Brazilian forests, and grow on rocks in the* campos rupestres.

Margaret Mee
Billbergia vittata
Proc: Itatiaia
Cult. S. Paulo, Sept. 1964.

BROMELIA BALANSAE MEZ

(Homenagem a Olaus Bromel, médico sueco; homenagem a Benjamin Balansa, coletor francês, ativo durante 11 anos no Paraguai). Plantas com densas rosetas e inflorescência cilíndrica, revestida de pilosidade alva, com flores violetas ou vinosas. Possui ampla distribuição, ocorrendo da Colômbia até a Argentina. É freqüente no Brasil, sendo conhecida como "banana do mato" em Santa Catarina, "macambira" em Minas Gerais e "caraguatá" no Estado de São Paulo e no Paraguai.

(Named after Olaus Bromel, Swedish doctor and Benedict "Benjamin" Balansa, French botanist who collected extensively in Paraguay). The plants form dense rosettes, and the cylindrical inflorescence, covered with white hairs, is made up of violet or wine-coloured flowers. The species is widely distributed, from Colombia to Argentina. It occurs frequently in Brazil, and is known as "banana do mato" (forest banana) in Santa Catarina, "macambira" in Minas Gerais and "caraguatá" in the State of São Paulo and in Paraguay.

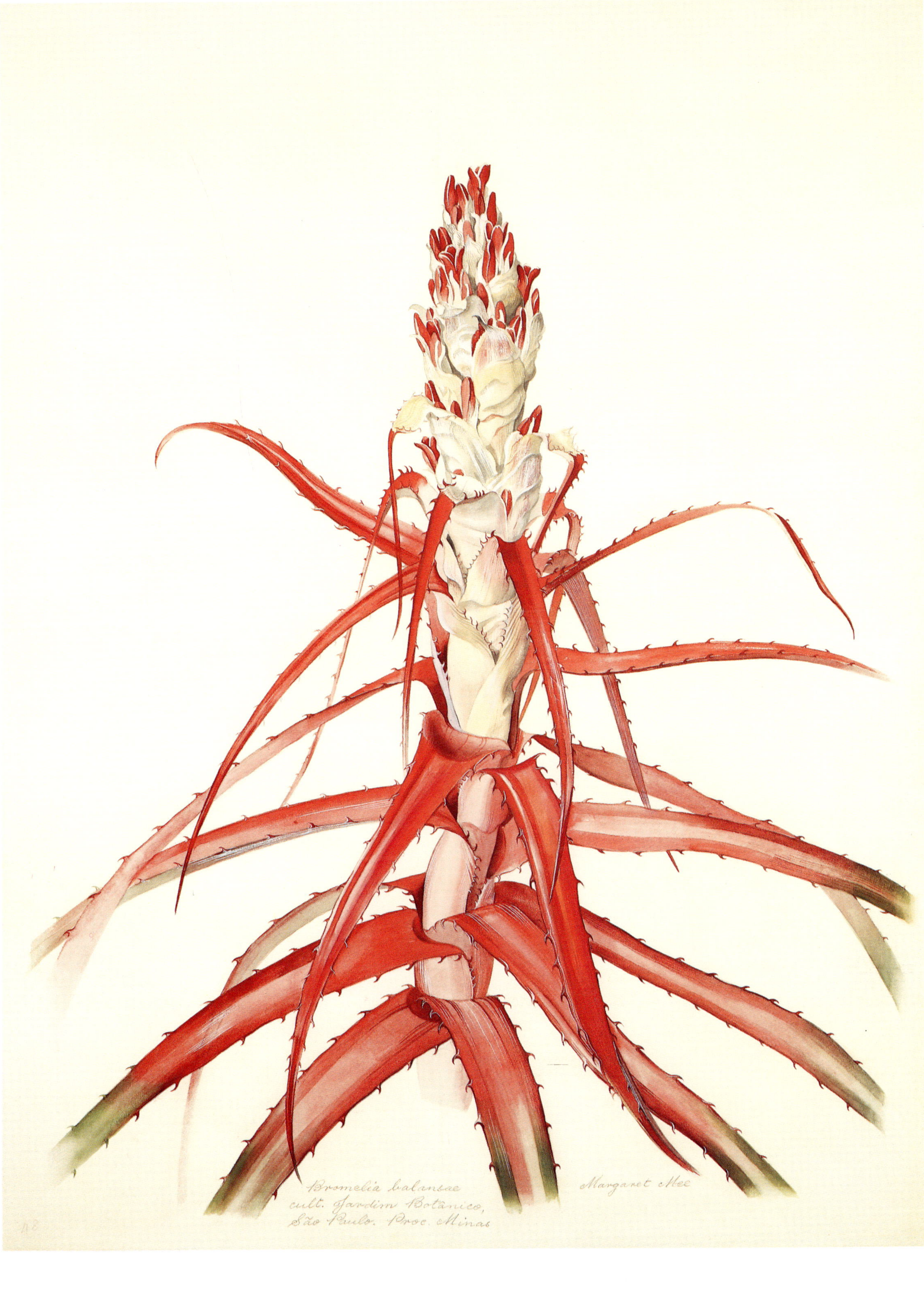
Bromelia balansae
cult. Jardim Botânico,
São Paulo. Proc. Minas
Margaret Mee

BROMELIA EITENORUM L.B. SMITH

(Homenagem aos botânicos e coletores Liene e George Eiten). Exclusiva do Estado do Maranhão, esta espécie é bem caracterizada pelo hábito terrestre e margens das folhas e brácteas com espinhos retorcidos. A inflorescência é globosa, com flores alvas e azuis; as brácteas florais são revestidas de pelos ferrugíneos.

(Named after Liene and George Eiten, botanists and collectors). Exclusive to the Brazilian State of Maranhão, this species is characterized by its terrestrial habit and by the twisted spines on the leaf-margins and the bracts. The inflorescence is globular, with white and blue flowers; the floral bracts are covered in rust-coloured hairs.

Bromelia
Proc: Sul do Maranhão,
cult. S. Paulo, flor: Janeiro, 1964
Margaret Mee

CANISTRUM AURANTIACUM E. MORR.

(Do latim *canistrum*, cesta; a inflorescência lembra uma cestinha com flores; do latim *aurum*, dourado). Refere-se às flores amarelas. Plantas terrestres de grande porte, com inflorescência provida de haste robusta e alongada, terminando em cabeça alargada e vermelha, com flores amarelo-douradas dispostas concêntricamente. É exclusiva do Estado de Pernambuco.

(From Latin canistrum, *'basket'* + aurum, *'gold', referring to the appearance of the inflorescence). The terrestrial plants are large; the inflorescences are borne on long robust stems, terminating in broad red heads with the golden-yellow flowers concentrically disposed. The species is known only from the State of Pernambuco.*

Canistrum aurantiacum
Pernambuco, Dois Irmãos
Margaret Mee

CANISTRUM CYATHIFORME (VELL.) MEZ

(Do latim *cyathium*, taça). A inflorescência tem o formato de taça. Espécie semelhante à *C. aurantiacum*; inflorescência provida de escapo alongado e brácteas formando taça. É encontrada desde Minas Gerais até Santa Catarina.

(From Latin cyathium, *'cup', referring to the shape of the inflorescence). The species is similar to* C. aurantiacum*; the inflorescence is provided with an elongated scape and bracts forming the cup of the specific name. The species occurs from Minas Gerais to Santa Çatarina.*

2.
Canistrum cyathiforme
pro.-Estação Biologico
Paranapiacaba, Sao Paulo.
2.1.1961.
Margaret Mee
2

CANISTRUM LINDENII (REGEL) MEZ

(Homenagem a Jean Jules Linden, botânico luxemburguês). Espécie de morfologia muito variável, cuja altura da planta atinge até 60 cm. Epífita ou terrestre, esta espécie ocorre no Paraná e em Santa Catarina.

(Named after Jean Jules Linden, botanist, native of Luxembourg). The species is very variable in its morphology. The plant may reach a height of 60 cm. Epiphytic or terrestrial, this species occurs in the States of Paraná and Santa Catarina.

Litoral S. Paulo
24 . 5 . 61
Margaret Mee

CATOPSIS BERTERONIANA (SHULTES F.) MEZ

(Do grego *kata*, inferior, e *opsis*, vista). Com referência à semente que fica debaixo dos pêlos; *berteroniana* homenagem a Carlo Giuseppe Bertero, botânico italiano, coletor do material-tipo. Chama a atenção, nesta espécie, a coloração verde-azulada das folhas, que possuem ápice acuminado e margens lisas. A inflorescência singela é composta de flores alvas e brácteas verdes. É de distribuição pantropical, ocorrendo no Brasil no Estado da Bahia. Detalhes (da esquerda para a direita): bráctea floral; pétala e estames; flor completa.

(From Greek kata, *'below' and* opsis, *'view', describing the position of the seed, below the hairs;* + berteroniana, *after Carlo Giuseppe Bertero, Italian botanist and collector of the type material). This species is notable for the blue-green colouring of the leaves, with acuminate tips and smooth margins. The simple inflorescence is composed of white flowers and green bracts. Distribution is pan-tropical; the species occurs in Brazil in the State of Bahia. Details (from left to right): floral bract; petal and stamens; complete flower.*

Margaret Mee
Catopsis berteroniana Schult. L.B.Sm.
Proc: Boracéa, Serra do Mar.
20.1.62.

ENCHOLIRIUM SPECTABILE MART.

(Do grego *enchos*, supostamente espada, e *leirion*, lírio; do latim *spectabilis*, vistoso, referindo-se ao espetáculo que oferece a inflorescência ou, como disse Martius, o espetacular "lírio-espada". Planta de hábito terrestre, com folhas densamente espinhosas e revestidas de pilosidade alva. Inflorescência emergente, com escapo floral espesso e flores densamente distribuídas ao longo da haste, variando do amarelo ao castanho. Exclusiva do Brasil desde o Piauí até Brasília.

(From Greek enchos, *supposedly 'sword' and* leirion, *'a lily',* + *Latin* spectabilis, *'striking', 'sightly'. Martius' 'spectacular sword-lily' describes the inflorescence). The plant is terrestrial in habit; the extremely spiny leaves are covered with white hairs. The emergent inflorescence has a thick floral scape and the flowers are densely distributed along the stem, varying in colour from yellow to brown. Exclusive to Brazil, from Piauí to Brasília.*

Encholirium spectabile
Serra do Vento, Pernambuco
Margaret Mee

HOHENBERGIA CAATINGAE ULE VAR. *HORRIDA* (HARMS) L.B. SMITH

(Homenagem a Von Hohenberg, Príncipe de Würtemburg, patrono alemão da botânica. *Caatingae*, de caatinga, vegetação típica do nordeste brasileiro; do latim *horridus*, horrível, rude, agressivo). Referente aos espinhos no ápice das folhas. Espécie típica da caatinga brasileira, caracterizada pela presença de longos espinhos rígidos e encurvados, nas margens das folhas e pelas sépalas, brácteas e folhas providas de espinho terminal. A inflorescência piramidal e alongada é constituída de fascículos de flores violetas.

(Named after Prince Von Hohenberg, Prince of Würtemburg, German patron of botany; caatingae, *from "caatinga", the characteristic vegetation form of Brazil's north-east + Latin* horridus, *'bristly' or 'spiny' as well as 'horrid', referring to the spiny leaf-tips). This species from the Brazilian* caatinga *is characterized by long, rigid curved spines along the margins of the leaves and by sepals, bracts and leaves bearing a terminal spine. The elongated pyramidal inflorescence is comprised of clusters of violet flowers.*

Margaret Mee
Hohenbergia horrida
Brejo de Madre de Deus
Pernambuco

HOHENBERGIA RIDLEYI (BAKER) MEZ

(Homenagem a H.N. Ridley, botânico e coletor inglês). Planta terrestre, de grande porte, possui folhas que variam do verde, amarelo até o castanho; inflorescência com numerosas flores arroxeadas, organizadas em pequenas espigas. Exclusiva dos Estados da Paraíba e Pernambuco. Detalhes (da esquerda para a direita): espiga; flor; sépala com pilosidade apical; bráctea floral acuminada.

(Named after H.N. Ridley, English botanist and collector). A large terrestrial plant with flowers varying from green to yellow to brown; inflorescences of numerous purple flowers arranged in small spikes. Known only from the States of Paraíba and Pernambuco. Details (from left to right): spike; flower; sepal with apical pilosity; acuminate floral bract.

Hohenbergia ridleyi
Pernambuco, Igarassu,
Campina dos Marços
Margaret Mee

HOHENBERGIA STELLATA SCHULTES F.

(Do latim *stella*, estrela). A inflorescência lembra grupos de estrelas, com flores em pequenos fascículos, destacando-se das brácteas vermelhas. Planta robusta, terrestre, freqüente nas caatingas brasileiras. Detalhes (da esquerda para a direita): fruto com sépalas; pétala e estame; bráctea floral; corte longitudinal da flor, mostrando estame e ovário.

(From Latin stella, *'star'). The inflorescence resembles clusters of stars; the small groups of flowers contrast with the red bracts. This large terrestrial plant is frequent in the Brazilian* caatingas. *Details (from left to right): fruit with sepals; petal and stamen; floral bract; longitudinal section of flower, showing stamen and ovary.*

2x
2x
6x
Margaret Mee
Hohenbergia stellata

NEOREGELIA COMPACTA (MEZ) L.B. SMITH

(Homenagem a C. von Regel, conselheiro do Tzar da Russia + latim *compactus*, compacto). A inflorescência compacta, isto é, com inúmeras flores reunidas no centro da roseta, sugeriu o nome desta espécie. Possui flores de pétalas e brácteas vermelhas. É uma planta típica das restingas do Rio de Janeiro.

(Named after C. von Regel, counsellor to the Czar of Russia + Latin compactus, *'compact'. The compact inflorescence, composed of many flowers clustered in the centre of the rosette, suggests the name of this species). The flowers have red petals and bracts. The plant is known only from the* restinga *along the coast of the State of Rio de Janeiro.*

Margaret Mee
Neoregelia
Proc: Parati, Est. do Rio
Set: 1962

NEOREGELIA CONCENTRICA (VELL.) L.B. SMITH

Refere-se à organização da inflorescência, onde as flores estão arranjadas em círculos concêntricos. Folha com bainha fortemente alargada, com ápice arredondado e apiculado. As flores violáceas estão reunidas no centro da roseta, de maneira concêntrica. Epífita da Serra dos Órgãos, Estado do Rio de Janeiro. Detalhes (da esquerda para a direita): pétala com estame, sépala, flor em corte longitudinal e bráctea.

The specific name refers to the arrangement of the inflorescence, in which the flowers are disposed in concentric circles. The leaf has a wide sheath with a rounded apiculate tip. The violet flowers are clustered in the centre of the rosette. The species is epiphytic and occurs in the Serra dos Orgãos, State of Rio de Janeiro. Details (from left to right): petal and stamen; sepal; longitudinal section of the flower and floral bract.

Margaret Mee
Neoregelia concentrica
Proc: Estado do Rio. Serra
dos Orgãos.

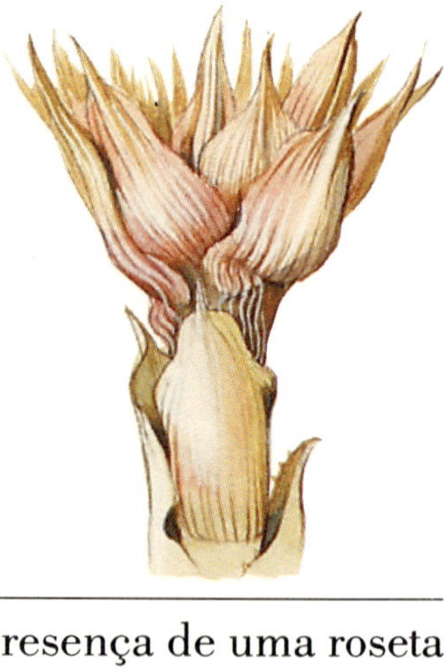

NEOREGELIA FOSTERIANA L.B. SMITH

(Homenagem ao coletor R. Foster). Chama a atenção nesta espécie a presença de uma roseta com a parte central esbranquiçada e flores azuladas. É uma espécie típica do Itatiaia, no Rio de Janeiro. Detalhes (da esquerda para direita): bráctea floral; inflorescência; sépala; corola; corte longitudinal do ovário; flor completa; bráctea floral, pétala e estame.

(Named after collector R. Foster). Remarkable in this species is the rosette, which has a white centre and blue flowers. The species is known only from Itatiaia, Rio de Janeiro. Details (from left to right): floral bracts; inflorescence; sepal; corolla; longitudinal section of the ovary; complete flower; floral bract, petal and stamen.

Neoregelia
Margaret Mee
Proc: Serra das Agulhas Negras
Itatiaia. Nov. 1963

NEOREGELIA HOEHNEANA L.B. SMITH

(Homenagem a Frederico Carlos Hoehne, botânico brasileiro, fundador do Instituto de Botânica de São Paulo). Muito característica desta espécie é a propagação por longos estolões ascendentes. As flores são alvas, emolduradas pelas folhas verdes. Epífita da Mata Atlântica no sudeste do Brasil.

(Named after Frederico Carlos Hoehne, Brazilian botanist and founder of the Institute of Botany, São Paulo). Propagation occurs by long ascending stolons and is very typical of this species. The flowers are white, framed by green leaves. Epiphytic, in the Atlantic Forest of southeastern Brazil.

Neoregelia hoehneana
Reserva Florestal, Caraguatatuba
São Paulo
Margaret Mee

NEOREGELIA SARMENTOSA (REGEL) L.B. SMITH

O nome da espécie é bem caracterizado pela presença de caule rastejante (sarmento). É planta saxícola da mata pluvial e da restinga do leste do Brasil. Detalhes (da esquerda para direita): pétala e estame; flor completa; corte longitudinal do ovário; cálice aberto.

(From Latin sarmentum, *a runner or creeping stem). The plant grows on rocks in the rain forest and* restingas *of eastern Brazil. Details (from left to right): petal and stamen; complete flower; longitudinal section of the ovary; open calyx.*

Neoregelia
Proc: Estado do Rio, Serra
dos Orgaos. Jan: 1963
Margaret Mee

NEOREGELIA SP. NOV. Burlemarxii subsp. meeana R.W. Read

Trata-se de uma espécie inédita, cujas folhas formam uma roseta com a parte central e flores vináceas. Epífita das florestas do ~~Estado do Rio de Janeiro~~.

This species has not yet been described by science. The leaves form a rosette with a wine-coloured centre; the flowers are of the same colour. Epiphytic, in forests from Rio de Janeiro.

Margaret Mee

Neoregelia
Proc: São Paulo, Serra do Mar,
Maranduba. January, 1964

NIDULARIUM ANTOINEANUM WAWRA

(Do latim *nidulus*, ninho pequeno). Com referência ao aspecto nidular da inflorescência. Homenagem a Franz Antoine Jr., horticultor austríaco, Diretor do Jardim de Schönbrunn, em Viena. Planta delicada com flores azuis, reunidas na parte central da roseta tubular e protegidas por brácteas vináceas. Epífita de Boracéia, Estado de São Paulo.

(From Latin nidulus, *'small nest', referring to the nest-like appearance of the inflorescence; the specific name honours Franz Antoine Jr., Austrian horticulturalist and Director of the Schönbrunn Gardens, Vienna). A delicate plant with blue flowers clustered in the central part of a tubular rosette and protected by wine-coloured bracts. Epiphytic, in Boracéia, State of São Paulo.*

Margaret Mee

NIDULARIUM BILLBERGIOIDES (SCHULTES F.) L.B. SMITH

(Do nome genérico *Billbergia* e *-oides*, com aspecto de). Significando que esta espécie lembra gênero *Billbergia*. Além das brácteas amarelas, esta espécie é bem caracterizada por formar touceiras ascendentes pela presença de rizomas verticais. É típica do litoral brasileiro, ocorrendo desde a Bahia até Santa Catarina.

(From genus name Billbergia + *Greek* -oides, *'resembling', in reference to the appearance of the plant). The species is characterized by its yellow bracts and by the formation of ascending clumps with vertical rhizomes. Typically, the species occurs along the Brazilian coastline, from the State of Bahia to the State of Santa Catarina.*

Margaret Mee
Nidularium billbergioides
Reserva Florestal,
Caraguatatuba

NIDULARIUM BURCHELLII (BAK.) MEZ

(Homenagem a William John Burchell, coletor inglês que percorreu a América do Sul). Diferindo da maioria das espécies deste gênero, *Nidularium burchellii* possui inflorescência globosa com brácteas verdes e pouco vistosas. As folhas são castanho-vináceas na face inferior e verdes na superior. Possui propagação por rizomas, sendo encontrada desde o Espírito Santo até o Estado de São Paulo.

(Named after William John Burchell, English collector and traveller throughout South America). N. Burchellii *differs from most other species in the genus in having a globular inflorescence and rather un-showy green bracts. The leaves are brown to wine-coloured on the lower surface, and green on the upper. The plants propagate by means of their rhizones. The species occurs from the State of Espírito Santo to the State of São Paulo.*

Margaret Mee
Nidularium burchellii
Estāçao Biologica,
Paranapiacaba, São Paulo

NIDULARIUM INNOCENTII LEM. VAR. *WITTMACKIANUM* (HARMS) L.B. SMITH

(Homenagem ao Marquês de St. Innocent, editor francês e grande apreciador de bromélias, e Ludwig Wittmack, botânico alemão, especialista em bromélias). Possui rosetas infundibuliformes, com folhas espinhosas e aguçadas. A inflorescência possui brácteas estéreis verdes e vermelhas e flores alvas. São plantas epífitas comuns na floresta pluvial tropical, de São Paulo a Santa Catarina.

(Named after the Marquis de St. Innocent, French publisher and great admirer of bromeliads, and Ludwig Wittmack, German botanist and specialist in bromeliads). This plant has funnel-shaped rosettes, with prickly leaves. The inflorescence has sterile green and red bracts, and white flowers. The plant is a common epiphyte in tropical rain forests from São Paulo to Santa Catarina.

Margaret Mee
Nidularium
Bra: Campos do Jordão
5.5.67
37

NIDULARIUM MARIGOI LEME

(Homenagem ao fotógrafo Cláudio Marigo). Espécie da Mata Atlântica, diferindo de *Nidularium innocentii* pelas flores azuis.

(Named after photographer Cláudio Marigo). A species of the Atlantic Forest, differing from Nidularium innocentii *in having blue flowers.*

Nidularium innocenti
var.
Dezembro, 1960
Reserva Florestal,
Caraguatatuba, S. Paulo
Margaret Mee
19

NIDULARIUM RUBENS MEZ

(Nome específico do latim *rubens*, avermelhado). Planta delicada, estolonífera, com folhas de coloração arroxeada na face dorsal, formando roseta tubular. A presença de um sulco na face dorsal da folha é uma característica marcante desta espécie. A inflorescência é bastante ornamental, com brácteas que variam do laranja ao vermelho, com flores centrais alvas. Comum nas matas dos Estados do Rio de Janeiro e São Paulo.

(Specific name from Latin rubens, *'reddish'). The leaves form a tubular rosette and are reddish-purple on the lower surface. The groove on the lower surface is very characteristic of the species.The inflorescence is very ornamental, with bracts varying from orange to red, and white central flowers. Common in the forests of the States of São Paulo and Rio de Janeiro.*

Margaret Mee
Nidularium rubens
Paranapiacaba, Reserva
Floresta

NIDULARIUM SEIDELII L.B. SMITH

(Homenagem a Alvim Seidel, de Corupá, Santa Catarina, horticultor interessado em bromeliáceas). Planta muito decorativa, com inflorescência emergente e alongada; brácteas alaranjadas e purpúreas e flores alvas. Epífita, endêmica do Estado de São Paulo. Detalhes (da esquerda para a direita): flor completa; detalhe da antera; pétala com estame; cálice aberto.

(Named after Alvim Seidel, of Corupá, Santa Catarina, a horticulturalist with an interest in bromeliads). This very decorative plant has an elongated emergent inflorescence, orange and purple bracts and white flowers. It is epiphytic, and endemic to the State of São Paulo. Details (from left to right): complete flower; detail of the anther; petal with stamen; open calyx.

Nidularium seidelii
Ubatuba, São Paulo
Margaret Mee

ORTHOPHYTUM LEPROSUM (MEZ) MEZ

(Do grego *ortho-*, ereto; *phyton*, planta. Refere-se ao aspecto ereto da planta, com presença de escamas foliares. Do latim *leprosus*, leproso, escamoso). Folhas espessas bastante ornamentais, variando do vinho, verde-oliva, ao cinza, providas de espinhos marginais recurvados, e dispostas em roseta aberta e espalhada. Flores alvas em fascículos, protegidos por brácteas esverdeadas e carenadas. Terrestres ou rupícolas, são restritas da Serra do Vento, em Pernambuco. Detalhes (da esquerda para a direita): corte longitudinal do ovário; pétala com estame; bráctea floral envolvendo a flor.

(From Greek ortho, 'straight' or 'upright' and phyton, *'plant' + Latin* leprosus, *'scaly', 'leprous', referring to the erect habit and scaly leaves of the plant). The thick, very ornamental leaves vary from wine-coloured to olive green to grey, and have curved spines on the margins. They are arranged in an open, spreading rosette. The white flowers, in clusters, are protected by greenish carinate bracts. The plants grow on the ground or on rocks, and are found only on the Serra do Vento, in Pernambuco. Details (from left to right): longitudinal section of the ovary; petal with stamen; floral bract enclosing flower.*

Margaret Mee
Orthophytum leprosum Mez.
Proc: Pernambuco. Serra
do Vento, 16. 11. 1961.

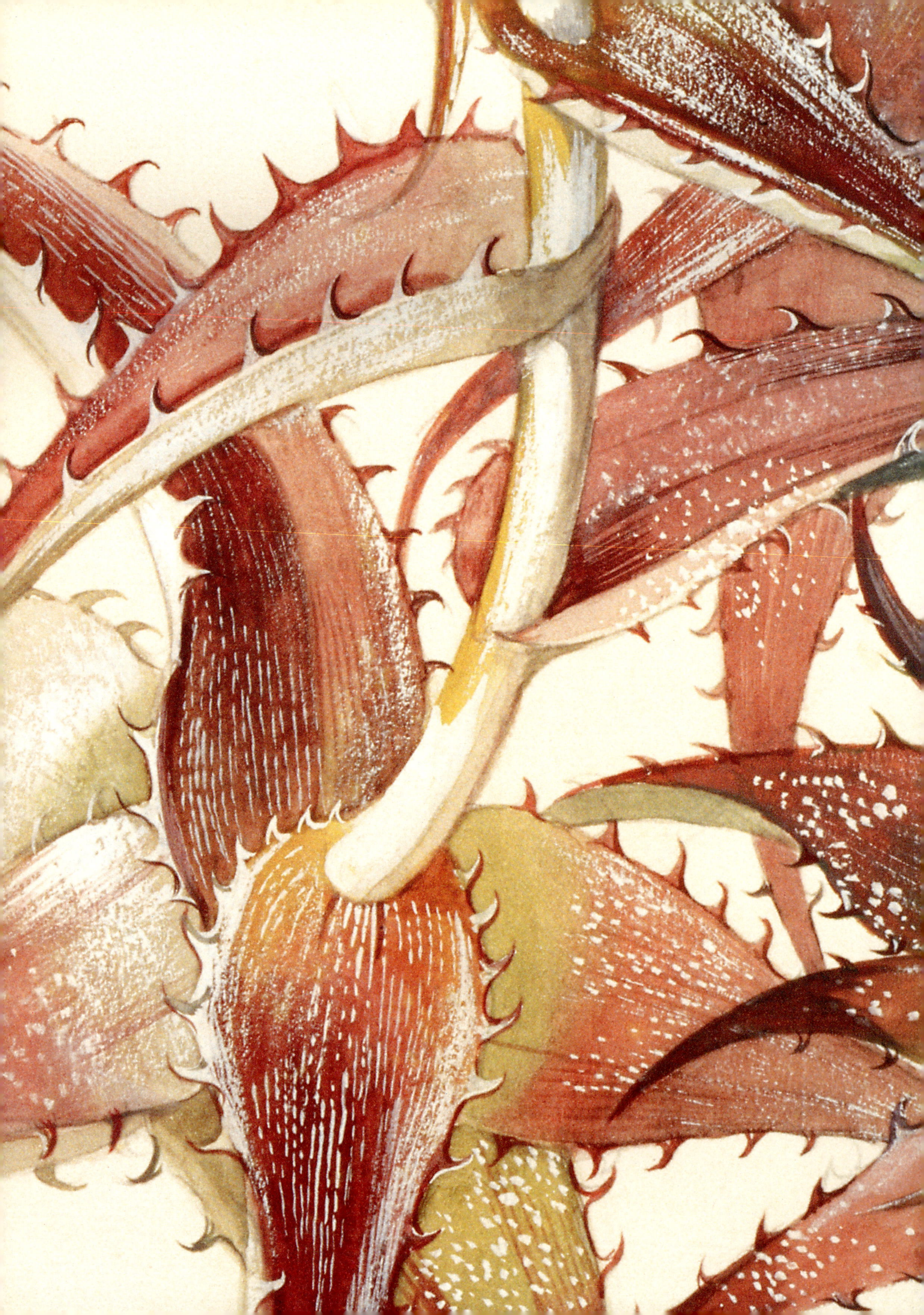

PITCAIRNIA DECIDUA L.B. SMITH

(Homenagem a Archibald Pitcairn, professor de medicina, escocês). *Deciduus* (do latim), planta que perde as folhas em certas estações. Espécie bem caracterizada pelas folhas delicadas, levemente arqueadas e sem espinhos, juntamente com a inflorescência vermelho-alaranjada. As plantas formam touceiras nas matas, sobre húmus ou sobre pedras. Ocorre nos Estados do Espírito Santo e Minas Gerais.

(Named after Archibald Pitcairn, Scottish professor of medicine; specific name from Latin deciduus*, deciduous plant, losing its leaves at certain seasons). The species is well characterized by its delicate, slightly arched leaves, without spines, and its red to orange inflorescence. The plant forms clumps in forests on humus or upon rocks. Typically, the species occurs in the States of Espírito Santo and Minas Gerais.*

Pitcairnia decidua
cult. Jardim Botânico
São Paulo
Margaret Mee

PORTEA LEPTANTHA HARMS

(Nome do genêro de origem incerta; provavelmente em homenagem a Pietro Porta, botânico italiano; do grego *lepto-*, pequeno; *anthos*, flor). Relativo ao tamanho reduzido das flores. Planta de grande porte, atingindo até 1,60m de altura. Inflorescência muito ramificada, com escapo floral e ramificações vermelhas. As flores alaranjadas destacam-se da base do caule esverdeado. Espécie conhecida somente das florestas da Paraíba e de Pernambuco. Detalhes (da esquerda para a direita): flor completa; ovário; ápice de sépala; pétala e estame; flor completa.

(Generic name of uncertain origin; probably after Pietro Porta, Italian botanist; specific name from Greek lepto-, *'small', 'delicate'* + anthos, *'flower' — this speaks for itself). The plant is large, and may reach 1m60 in height. The much-branched inflorescence has a red floral scape and branches. The orange-coloured flowers stand out from a greenish stem. Known only from forests in the States of Paraíba and Pernambuco. Details (from left to right): ovary; tip of the sepal; petal and stamen; complete flower.*

Portea leptantha
Russinha, Pernambuco
Margaret Mee

QUESNELIA HUMILIS MEZ

(Homenagem a Quesnel, horticultor francês do século XIX; do latim *humilis*, humilde). Referindo-se ao pequeno tamanho da planta. Planta delicada, terrestre ou epífita, formando touceiras. As brácteas e flores vermelhas a purpúreas compõem vistosa inflorescência, recoberta por pilosidade alva. Muito comum na mata Atlântica do Estado de São Paulo.

(Generic name after the 19th century French horticulturalist Quesnel; specific name from Latin humilis, *'humble', 'small', referring to the size of the plant). This is a delicate terrestrial or epiphytic plant, forming clumps. The red and purple bracts and flowers form an attractive inflorescence, covered in white hairs. Very common in the Atlantic Forest in the State of São Paulo.*

Margaret Mee
Quesnelia humilis,
Instituto de Botânica,
São Paulo

QUESNELIA LATERALIS WAWRA

(Do latim *lateralis*, lateral). A inflorescência é tipicamente unilateral, com belas e vistosas flores azul-esverdeadas, destacando-se das brácteas vermelhas. Ocorre na Serra dos Órgãos, nos Estados do Rio de Janeiro e Espírito Santo. Detalhes (da esquerda para a direita): bráctea; cálice; pétala com estame.

(Specific name from Latin lateralis, *'lateral', referring to the unilateral position of the inflorescence). The plant has beautiful greenish-blue flowers which stand out against the red bracts. The species occurs in the Serra dos Orgãos, in the States of Rio de Janeiro and Espírito Santo. Details (from left to right): bracts; calyx; petal with stamen.*

Quesnelia lateralis
Estado do Rio.
Serra dos Orgãos
Margaret Mee

QUESNELIA LIBONIANA (DE JONGHE) MEZ

(Homenagem a M. Libon, coletor belga). Nesta planta a roseta é tubular com inflorescência emergente formada de belas flores azul-escuras. Epífita com brotação lateral; exclusiva do Estado do Rio de Janeiro. Detalhes (da esquerda para a direita): pétala com estame; flor completa; cálice; detalhe das escamas.

(Named after M. Libon, Belgian collector). The plant forms a tubular rosette; the emergent inflorescence is composed of striking dark blue flowers. The plant is epiphytic, and produces lateral shoots; it is endemic to the State of Rio de Janeiro. Details (from left to right): petal with stamen; complete flower; calyx; detail of scales.

Quesnélia liboniana
Serra dos Orgãos,
Rio de Janeiro
Margaret Mee

QUESNELIA MARMORATA (LEM.) R.W. READ

(Do latim *marmor*, mármore, referindo-se à superfície superior das folhas, lembrando mármore). Planta bastante decorativa; as folhas possuem lanugem branca. A inflorescência é vistosa, pelas brácteas vermelhas e flores arroxeadas. Detalhes (da esquerda para a direita): corte longitudinal do ovário; cálice; pétala com apêndices e estame; detalhe dos apêndices petalares.

(From Latin marmor, *'marble', referring to the marbled upper surfaces of the leaves, which are covered with white down). The inflorescence is attractive for its red bracts and purplish flowers, and the plant is very decorative. Details (from left to right): longitudinal section of the ovary; calyx; petal with appendages and stamen; detail of petal appendages.*

Aechmea marmorata
(Lem.)
Novembro, 1960
Instituto de Botanica
São Paulo
Margaret Mee

QUESNELIA TESTUDO LIND.

(Do latim *testudo*, tartaruga). Significando capa ou cobertura grossa. A espécie destaca-se pela agressividade das folhas, providas de robustos espinhos marginais e apicais. Forma densas touceiras com folhas variegadas, apresentando faixas do verde ao vinho. Inflorescência vistosa, com brácteas róseo-avermelhadas e flores azuis. Exclusiva da restinga do litoral de São Paulo. Detalhes (da esquerda para a direita): bráctea floral; flor completa; corte longitudinal do ovário; pétala e estame; cálice.

(From Latin testudo, *'tortoise', referring to the rugged appearance of the plant). The species is notable for the aggressive appearance of its leaves, which are armed with strong marginal and apical spines. It forms dense clumps; the variegated leaves have green to wine-coloured stripes. The inflorescence is attractive, with reddish-pink bracts and blue flowers. The species is found exclusively in the* restinga *forests of São Paulo State. Details (from left to right): floral bracts; complete flower; longitudinal section of the ovary; petal and stamen; calyx.*

Margaret Mee
Quesnelia testudo
Proc: Boracéa litoral
São Paulo 10. 5. 68
57

STREPTOCALYX POEPPIGII BEER

(Do grego *strepto-*, recurvado; referindo-se ao cálice recurvado; do grego *kalyx*, cálice); homenagem a Eduard Friedrich Poeppig, botânico alemão, zoólogo e explorador. Folhas pungentes; inflorescência robusta, brácteas grandes, róseas a avermelhadas e flores violáceas, são as principais caraterísticas que chamam a atenção nesta espécie. Detalhes (da esquerda para a direita): corte longitudinal do ovário: cálice; detalhe do ápice da sépala; pétala com estame; flor completa.

(Generic name from Greek strepto-, *'curved'* + kalyx, *'cup', and therefore to the curved calyx; specific name after German botanist, zoologist and explorer Eduard Friedrich Poeppig). Sharp leaves, a robust inflorescence, large pink to red bracts and violet flowers are the principal characteristics of this species. Details (from left to right): longitudinal section of the ovary; calyx; detail of the tip of the sepal; petal and stamen; complete flower.*

Margaret Mee
Streptocalyx
Proc: Territorio do Amapa
4. 4. 1962

TILLANDSIA GEMINIFLORA BRONGN.

(Homenagem a Elias Tilland, professor de medicina, sueco; do latim *gemini*, gêmeos). Referindo-se às flores geminadas. Possui grande inflorescência, contrastando com o pequeno porte da planta. As flores róseas são protegidas por vistosas brácteas cuja coloração vai do verde ao vermelho. Esta espécie ocorre em todo o Brasil.

(Named after Elias Tilland, Swedish professor of medicine; from the Latin gemini, *'twins'. This refers to the paired flowers). The plant has a large inflorescence for its small size. The pink flowers are protected by striking green to red bracts. Common all over Brazil.*

VRIESEA ENSIFORMIS (VELL.) BEER

(Homenagem a W.H. de Vriese, botânico alemão; do latim *ensis*, espada; *forma*, forma). Folhas em forma de espada. Espécie epífita com brácteas florais dísticas, vermelhas e ensiformes, freqüente na Mata Atlântica.

(Named after W.H.de Vriese, German botanist; specific name from Latin ensis, *sword;* forma, *form: 'sword-shaped leaves'). An epiphytic species with distichous red sword-shaped floral bracts; common in the Atlantic Forest.*

Vriesia ensiformis
Dezembro, 1960.
Reserva Florestal
Caraguatatuba, S.P.
Margaret Mee

VRIESEA FRIBURGENSIS MEZ

(O espécime tipo foi coletado em Nova Friburgo, Estado do Rio de Janeiro). As folhas possuem na face ventral, delicados traços transversais mais escuros. A inflorescência é ramificada e delicada, com coloração que vai do castanho, amarelo, ao verde. Ocorre como epífita nas florestas tropicais do Estado do Espírito Santo até o Paraná.

(The type specimen was collected near and named after the town of Nova Friburgo, State of Rio de Janeiro). The leaves have delicate darker transverse markings on their ventral surface. The inflorescence is branched and delicate with colours ranging from brown to yellow to green. The species occurs as an epiphyte in tropical forests from the State of Espírito Santo to the State of Paraná.

Vriesia
Loc. Represa Billings
Santo Amaro, S.P.
Nov 1960
Margaret Mee

VRIESEA HIEROGLYPHICA (CARR.) E. MORR. VAR. *HIEROGLYPHICA*

(Do grego *hieroglyphikos*, hieroglifo). Refere-se aos arabescos nas superfícies das folhas. Planta bastante utilizada em decoração de interiores, pela beleza de suas folhas, apesar da inflorescência ser completamente verde e pouco ornamental. Epífita, da Mata Atlântica, do Estado do Espírito Santo até o Paraná, atualmente muito rara.

(From Greek hieroglyphikos, *'hieroglyphic'. This refers to the tracings on the surfaces of the leaves). The plant is widely used for interior decorating on account of the beauty of its leaves, although the inflorescence is green and not very ornamental. The species is epiphytic, in the Atlantic Forest, from the State of Espírito Santo to the State of Paraná, and currently very rare.*

Vriesia
Pro: Piedade, S. Paulo
Março, 1961.
Margaret Mee
32 A

VRIESEA INFLATA (WRAWA) WAWRA

(Do latim *inflata*, inflada). As brácteas florais são infladas, cheias de muco, vermelhas e alaranjadas, destacando-se das flores amarelas. São freqüentes nos Estados do Espírito Santo até o Paraná, formando densas touceiras sobre as árvores.

(From Latin inflata, *'inflated'). The floral bracts of the scape are inflated and filled with mucus. The red and orange-coloured bracts are attractive, standing out against the yellow flowers. The plant is common from Espírito Santo to Paraná, forming dense clumps in trees.*

Margaret Mee
Vriesia inflata
Estação Biologica
Paranapiacaba,
São Paulo

VRIESEA JONGHEI (C.KOCH) E. MORR.

(Homenagem a M. de Jonghe, viveirista belga, que introduziu esta espécie na horticultura). Planta de grande porte, chamando a atenção pela presença de enormes flores amarelas, deixando à vista os belos estames castanhos. As brácteas florais são densamente imbricadas no ápice, auriculadas, verde-amareladas, com manchas castanhas. Terrestre ou epífita, habitando as florestas das América Central e do Sul. Freqüente na Serra do Mar, em São Paulo.

(Named after M. de Jonghe, Belgian horticulturalist who introduced the species to European horticulture). A large plant, notable for large yellow flowers with attractive brown stamens. The yellowish-green auriculate floral bracts with brown spots are densely imbricated at the apex. Terrestrial or epiphytic, the species occurs in Central and South American forests, and is common in the Serra do Mar, in the State of São Paulo.

Margaret Mee
Vriesia jonghii
Proc. S. José dos Alpes, Campos
de Jordão, 5. 5. 61
36.

VRIESEA RODIGASIANA E. MORR.

(Homenagem a Emile Rodigas, redator da revista Illustration Horticole, da Bélgica). Planta com folhas que variam do verde ao vermelho. Inflorescência delicada, amarelada, possuindo numerosas flores frouxamente dispostas. Estende-se desde o Ceará até Santa Catarina, sendo freqüente nos manguezais do litoral sul do Estado de São Paulo.

(Named after Emile Rodigas, editor of the Belgian journal "Illustration Horticole"). The leaves vary form green to red; the delicate yellowish inflorescence is made up of a large number of loosely disposed flowers. The species occurs from Ceará to Santa Catarina, and is common in the mangroves of the southern coast of the State of São Paulo.

Margaret Mee
Vriesia rodigasiana
Proc: Serra de
Baturité, Ceará, Julho, 61.
Março, 1962.
63.
Del.

WITTROCKIA SUPERBA LIND.

(Homenagem a V.B. Wittrock, diretor do Museu Botânico de Estocolmo; do latim *superba*, soberba). Referindo-se ao porte e colorido da planta. O aspecto agressivo, como um todo, é uma característica marcante desta espécie. As folhas possuem espinhos marginais e apicais. As brácteas são lanceoladas e vermelhas. A inflorescência branca e vermelha é de grande beleza. Terrestre, epífita ou saxícola é encontrada do Estado do Rio de Janeiro até Santa Catarina. Detalhes (da esquerda para a direita): apêndice petalar; corte longitudinal do ovário; pétala e estame; bráctea floral; bráctea floral com duas pétalas e dois estames.

(Named after V.B. Wittrock, director of the Stockholm Botanical Museum; specific name from Latin superba, *'superb'. This refers to the size and colouring of the plant). The overall aggressive aspect is a marked characteristic of this species. The leaves have marginal and apical spines. The bracts are lanceolate and red. The white and red inflorescence is exceptionally beautiful. Terrestrial, epiphytic or saxicolous, the plant may be found from the State of Rio de Janeiro to the State of Santa Catarina. Details (from left to right): petal appendage; longitudinal section of the ovary: petal and stamen; floral bract; floral bract with two petals and two stamens.*

Margaret Mee
Wittrockia superba
Reserva Florestal,
Caraguatatuba, São Paulo

AQUARELAS INACABADAS
UNFINISHED WATERCOLORS

Vriesea platynema Gand.

Ananas bracteatus (lindl.) Schultes f.

Aechmea orlandiana L.B. Smith

Dychia leptostachya Baker

Nidularium sp

Nidularium sp

Três estudos para *Billbergia porteana* Brongn.

Guzmania brasiliensis Ule

A FAMÍLIA BROMELIACEAE

Maria das Graças Lapa Wanderley

Com cerca de 2.500 espécies e 42 gêneros, a família Bromeliaceae é uma das maiores das angiospermas. Exceto por uma espécie de *Pitcairnia*, que ocorre no oeste africano, é restrita às Américas, distribuindo-se desde a Argentina e Chile até ao norte do Estado de Virgínia, nos Estados Unidos da América, sendo muito freqüente no Brasil.

As bromélias variam desde delicadas plantas, com hábito semelhante ao de musgos, como *Tillandsia bryoides*, até a gigantesca *Puya raimondii*, que atinge 8m de altura. O gênero *Puya* é característico dos platôs boliviano e equatoriano, onde a altitude atinge 4.300m.

As bromeliáceas são plantas terrestres ou epífitas, geralmente com inflorescências vistosas, de brácteas vermelhas ou róseas e folhas reunidas na base do caule, formando roseta. Muitas vezes, as folhas são variegadas, isto é, com faixas ou manchas que variam do branco, verde-claro, verde-escuro, e castanho, ao violeta.

A família compreende espécies terrestres e saxícolas. A maioria das espécies terrestres possui folhas armadas de espinhos afiados e margens serreadas. As epífitas são encontradas no topo de grandes árvores ou sobre pequenos arbustos e, geralmente, possuem folhas com margens lisas.

A absorção da água nas bromeliáceas ocorre pelas raízes e/ou por meio de escamas absorventes, que revestem a superfície foliar destas plantas. Esta estrutura é característica da família e tem importante papel na economia hídrica das plantas terrestres e epífitas, tanto das que vivem em locais abertos e ensolarados dos campos, como aquelas que habitam os locais sombreados nas matas.

As escamas absorventes vão desde o tipo mais simples, nas plantas terrestres, até o mais especializado, nas epífitas. Neste último grupo surge a máxima especialização, sendo a água absorvida da atmosfera. Neste caso, as raízes possuem apenas função de fixação, como é comum no gênero *Tillandsia*, considerado um dos gêneros mais evoluídos das Bromeliaceae.

THE FAMILY BROMELIACEAE

Maria das Graças Lapa Wanderley

The family Bromeliaceae, with roughly 2,500 species and 42 genera is one of the largest in the Angiospermae. *With the exception of one species of* Pitcairnia, *which grows on the West coast of Africa, the Bromeliaceae are restricted to the Americas, from Argentina and Chile as far as the North of the State of Virginia, U.S.A. They are very common in Brazil.*

Bromeliads vary from delicate little plants somewhat resembling mosses, such as Tillandsia bryoides, *to the gigantic* Puya raimondii *which may reach a height of 8 m. The genus* Puya *is characteristic of the Bolivian and Ecuadorean highlands, where altitudes may reach 4,300 m.*

Bromeliads are either terrestrial or epiphytic plants; they usually have very attractive inflorescences with red or pink bracts and leaves joined at the base of the stem, forming a rosette. The leaves are often variegated, that is, with stripes or spots that vary in colour from white to pale green, dark green, brown and violet.

There are terrestrial, saxicolous and epiphytic species. The majority of the terrestrial species have leaves protected by sharp thorns and serrated margins. Epiphytes are found at the tops of large trees or on small bushes and usually have leaves with smooth edges.

The Bromeliaceae absorb water through their roots and/or by means of absorbent scales that coat the leaf surfaces of these plants. This structure is characteristic of the family and plays an important part in the water--saving capacity of the terrestrial and epiphytic plants, both those living in open sunny campos *and those living in the shady atmosphere of forests.*

These absorbent scales vary from the simplest types in the terrestrial plants, to more specialized types in the epiphytic species. This latter group shows more specialization, as the water is absorbed from the atmosphere. In such cases the roots serve merely as anchors, as is common in the genus Tillandsia, *considered to be one of the most highly-developed genera of the Bromeliaceae.*

Muitas bromélias formam, com suas rosetas, verdadeiros reservatórios d'água, que variam de tubular, como nos gêneros *Aechmea e Billbergia*, até infundibuliformes, como no gênero *Nidularium*. Estes reservatórios, também conhecidos como "tanques", acumulam água e detritos orgânicos utilizados na nutrição destas plantas. A solução é absorvida pelas escamas absorventes abundantes na base da face interna das folhas. Este microambiente constitui verdadeiro ecossistema, onde se desenvolvem inúmeros pequenos animais, tais como insetos, coleópteros, aracnídeos, etc.

A família Bromeliaceae apresenta grande variedade de formas, o que leva à divisão da mesma em três subfamílias, a saber: Pitcairnioideae, Bromelioideae e Tillandsioideae.

A subfamília Pitcairnioideae é, além de *Pitcairnia*, constituída por vários outros gêneros, como *Dyckia*, *Encholirium* e *Navia*, que ocorrem no Brasil. A maioria das espécies desta subfamília é de plantas terrestres, com folhas conspicuamente espinhosas, exceto no gênero *Pitcairnia*.

A subfamília Bromelioideae possui plantas com a maior diversidade genérica na família, com representantes terrestres e epifíticos, geralmente com folhas serreadas. Além do gênero *Bromelia*, que serviu de base para a descrição da família e subfamília, diversos outros ocorrem no Brasil, tais como: *Aechmea, Ananas, Billbergia, Canistrum, Nidularium* e *Quesnelia.*

A subfamília Tillandsioideae possui, geralmente, indivíduos epifíticos, de folhas lisas. É considerada como a mais evoluída das três, pela presença de escamas absorventes especializadas.

Pela riqueza em espécies e em indivíduos, além da beleza que as bromélias apresentam, estas são de especial destaque nas paisagens tropical e subtropical. A maior riqueza em espécies ocorre nos Andes, na Costa Rica e no Peru. No Brasil, são encontradas nos mais variados ecossistemas, como Mata Atlântica, caatinga, cerrado, campo rupestre e restinga.

As bromeliáceas seguem padrões variados de distribuição geográfica. Algumas espécies são de ampla distribuição, como é o caso da *Tillandsia usneoides*, epífita freqüente nas matas pluviais brasileiras. Esta espécie apresenta caule ramificado, sendo encontrada dependurada nas árvores em forma de longas cortinas. Tal planta possui cor acinzentada pela abundância de escamas, que são responsáveis pela absorção da umidade atmosférica. Outras espécies possuem distribuição muito restrita, como nos gêneros *Brocchinia, Connelia* e *Lindmania*, exclusivas da Venezuela, e nos

Many bromeliads form, by means of their rosettes, regular water reservoirs, which vary from tubular, as in the genera Aechmea *and* Billbergia, *to funnel-shaped as in the genus* Nidularium. *These reservoirs, also known as "tanks", accumulate water and organic detritus used in the plant's nutrition. The solution is absorbed by abundant absorbent scales at the base of the inside surfaces of the leaves. This micro-environment makes up a veritable ecosystem, where countless small animals, coleopter and other insects, spiders, etc., carry on their life-cycles.*

The Bromeliaceae take on a great variety of forms; this leads to their being divided into three subfamilies: Pitcairnioideae, Bromelioideae and Tillandsioideae.

The subfamily Pitcairnioideae is composed of Pitcairnia *and various other genera, such as* Dyckia, Encholirium *and* Navia, *which occur in Brazil. The majority of the species in this subfamily are terrestrial plants, with conspicuously thorny leaves, except for the genus* Pitcairnia.

The subfamily Bromelioideae contains plants with the greatest generic diversity in the family; these include terrestrial and epiphytic plants, usually with serrated leaves. In addition to the genus Bromelia, *which served as basis for the description of the family and subfamily, several genera occur in Brazil, including:* Aechmea, Ananas, Billbergia, Canistrum, Nidularium *and* Quesnelia.

The subfamily Tillandsioideae is mainly composed of epiphytic specimens with smooth leaves. It is considered to be the most advanced of the subfamilies, due to the presence of specialized absorbent scales.

For their wealth of species and large numbers of individual plants, as well as their beauty, bromeliads are especially noticeable in tropical and subtropical scenery. The greatest diversity of species occurs in the Andes, in Costa Rica and in Peru. In Brazil they are to be found in widely varied ecosystems, such as the Atlantic Forest, arid brush, open pastures, campo rupestre *and* restinga.

The Bromeliaceae follow various patterns of geographical distribution. Some species are widely distributed, such as Tillandsia usneoides, *an epiphyte common in the Brazilian rain forests. This species has a branched stem and is found hanging from trees in long curtains. The plant is coloured grey due to its abundant scales, which absorb humidity from the air. Other species have a very restricted distribution, such as those in genera* Brochinia, Connelia *and* Lindmania, *exclusive to Venezuela, and the genera* Nidularium, Orthophytum, Encholirium *and* Cryptanthus, *exclusive to Brazil. There* gêneros *Nidularium, Orthophytum, Encholirium* e *Cryptanthus*, exclusivas do Brasil. Além disso, outras espécies apresentam microendemismo, como algumas dos gêneros *Dyckia, Encholirium* e *Orthophytum*, que ocorrem em pequenas localidades, principalmente nos campos rupestres dos Estados de Minas Gerais e Bahia.

As Bromeliaceae possuem, além do aspecto ornamental, algumas espécies de valor econômico, tal como o "abacaxi" (*Ananas comosus*), cujo fruto é muito saboroso, além de produzir, juntamente com outras espécies do gênero *Bromelia*, uma enzima proteolítica, a bromelina, semelhante à pepsina e à papaína, sendo de excelente valor digestivo e depurativo. O abacaxi é uma espécie brasileira bastante cultivada no Brasil, no Havaí e em outros países tropicais. *Aechmea bromeliifolia*, conhecida como "abacaxi-de-tingir", tem na raiz tinta amarela, usada pelos índios. Como excelente fornecedor de fibras, temos o "caroá verdadeiro" (*Neoglaziovia variegata*), espécie terrestre com vistosas inflorescências vermelhas, muito comum no nordeste brasileiro. Suas fibras são sedosas, resistentes e usadas para a fabricação de cabos, linhas de pescar, barbantes, etc. *Tillandsia usneoides* é conhecida como "crina vegetal", servindo para enchimento de colchões e travesseiros.

Recentemente, as bromélias têm despertado especial interesse para o cultivo, por seu aspecto ornamental. Sobretudo algumas espécies dos gêneros *Vriesea, Billbergia* e *Aechmea*, apresentam folhas variegadas e de grande efeito decorativo.

A propagação das bromélias pode ser feita por sementes, como nos gêneros *Aechmea, Billbergia, Neoregelia, Pitcairnia ,Tillandsia* e *Vriesea*, ou pelo plantio de seus brotos ("filhotes"), que são liberados antes do florescimento da planta. A semeadura pode ser feita em esfagno (*Sphagnum*) — musgo empregado em floricultura — ou em mistura, em partes iguais, de areia e terra vegetal. Além destes processos, a cultura de tecido é uma técnica muito elaborada e utilizada na propagação de bromélias.

are also species that present microendemism: certain species in genera Dyckia, Encholirium *and* Orthophytum *occur only in small regions, mainly in the* campos rupestres *of the States of Minas Gerais and Bahia.*

*Many Bromeliaceae are decorative; some have a commercial value, such as the pineapple (*Ananas comosus*); the fruit is delicious, and the plant, together with other species of the genera* Bromelia, *produces a proteolytic enzyme, Bromelin, similar to Pepsin and Papain, with exceptional digestive and depurative properties. The pineapple is a Brazilian species widely cultivated in Brazil, Hawaii and other tropical countries.* Aechmea bromeliifolia, *known as "dyeing pineapple" has a yellow dye in its roots used by the Indians. The "Caroá Verdadeiro" (*Neoglaziovia variegata*), a terrestrial species with attractive red inflorescences, and very common in the Brazilian northeast, is an excellent source of fibre. This is silky, strong, and used for making rope, fishing line, string, etc.* Tillandsia usneoides *is known as "vegetable horsehair", and is used for stuffing mattresses and pillows.*

Recently, bromeliads have attracted special interest under cultivation; some species of the genera Vriesea, Billbergia *and* Aechmea, *with their variegated, highly ornamental leaves, are much-prized ornamental plants.*

Bromeliads may be propagated by seeds, as with the genera Aechmea, Billbergia, Neoregelia, Pitcairnia, Tillandsia *and* Vriesea, *or by shoots, which appear before the plant's flowering period. Seeding may be done in sphagnum — a moss used in floriculture — or in a mixture of equal parts of sand and loam. In addition to these processes, cloning by means of tissue culture, though complicated, is in fairly general use.*

MARGARET MEE: UM SÍMBOLO DE AMOR E ENTUSIASMO PELA FLORA BRASILEIRA.

Beaulah Coe Teixeira

Margaret Ursula Mee nasceu em Chesham, Buckinghamshire, em 1909, e faleceu em 1988, num trágico acidente. Inglesa, porém figura internacional, intrépida defensora do meio ambiente, foi denotada batalhadora da causa dos índios brasileiros, além de grande artista.

Viveu por mais de 35 anos no Brasil, com seu marido, Greville. E foi no Instituto de Botânica de São Paulo (IBt), então da Secretaria da Agricultura, hoje da Secretaria do Meio Ambiente, que iniciou sua carreira de ilustradora botânica. Foi contratada em setembro de 1960 para ilustrar uma monografia de bromeliáceas que vinha sendo elaborada pelo Dr. Lyman B. Smith, do Smithsonian Institution, Washington D.C., Estados Unidos da América, e pelo botânico paulista Oswaldo Handro, do Instituto de Botânica. Mas foi sob a orientação do botânico Kuhlmann, também do Instituto de Botânica, que aprofundou seu aprendizado sobre a flora brasileira, pela qual se apaixonou.

Aprendeu com incrível rapidez a lidar com o aspecto científico da ilustração botânica e soube, como poucos artistas, fazer um "retrato vivo" das plantas. Em suas ilustrações, o desenho é correto, ao mesmo tempo vigoroso e decorativo. Nas pinturas de Margaret Mee, observa-se a textura da planta desabrochando até chegar à beleza da maturidade.

Durante o período de pesquisa para o trabalho das bromeliáceas, viajou pelo Brasil conhecendo botânicos e os variados aspectos dos mais diversos ecossistemas brasileiros, ampliando horizontes. Em maio de 1965, saiu do Instituto de Botânica de São Paulo e mudou-se para o Rio de Janeiro, especializando-se na flora amazônica.

As aquarelas deste volume ilustrariam a monografia de bromeliáceas acima citada (não completada)

MARGARET MEE: A SYMBOL OF LOVE AND ENTHUSIASM FOR THE BRAZILIAN FLORA.

Beulah Coe Teixeira

Margaret Mee was born in Chesham, Buchinghamshire, in 1909, and died in 1988 in a tragic accident. An Englishwoman with an international renown, she was an intrepid defender of the environment, a noted fighter for the cause of the Brazilian Indian, and a great artist.

She lived for more than 35 years in Brazil, with her husband Greville, and initiated her career as a Botanical Illustrator in the São Paulo Botanical Institute, at that time part of the Ministry of Agriculture, today the Ministry of the Environment. She was contracted in September, 1960 to illustrate a monograph on bromeliads which was being written by Dr. Lyman B. Smith, of the Smithsonian Institution, Washington D.C., U.S.A., and by São Paulo Botanist Oswaldo Handro, of the Botanical Institute. It was, however, under the tutelage of Botanist Moisés Kuhlmann, also from the Botanical Institute that she increased her knowledge of the Brazilian flora, with which she fell in love.

With incredible rapidity she learned how to handle the scientific aspect of botanical illustration and discovered, as few artists do, how to build up a "living picture" of the plants. In her illustrations the drawings are accurate and at the same time vigorous and decorative. Margaret Mees's paintings show up the texture of the plant blooming until it reaches the full beauty of maturity.

During the period when she was researching for her work on the bromeliaceae, she travelled all over Brazil, getting to know botanists and the variegate aspects of the most diverse Brazilian ecosystems, thereby increasing her horizons. In May, 1965 she left the São Paulo Botanical Institute and moved to Rio de Janeiro, where she took up specialization in the Amazon flora.

Her watercolors in this volume illustrated the above mentioned monograph (which was never completed) and are the result of research, much travelling and specialized consultations. From an artistic point of view, e são resultado de pesquisas, muitas viagens e consultas a especialistas. Mas, sob o ponto de vista artístico, demonstram muita sensibilidade ao captar com brilho e leveza, todas as nuances extraordinariamente exóticas das bromeliáceas, nos detalhes das flores, no aveludado ou agressividade das folhas e na combinação de cores.

Felizmente, grande parte de suas pinturas e observações estão preservadas para a posteridade, nos seus livros: "Flowers of the Brazilian Forests", The Tryon Gallery, Londres, 1968; "Flowers of the Amazon", Distribuidora Record, Rio de Janeiro, 1980; "Margaret Mee's Amazon", catálogo ilustrado de suas pinturas, com texto de Simon Mayo, Royal Botanic Gardens, Kew, 1988; e "In Search of Flowers of the Amazon Forests", editado por Tony Morrison, "Nonesuch Expeditions Ltd.", Woodbridge, Suffolk, 1989.

however, they show a great deal of sensitivity by brilliantly capturing the lightness, all the extraordinarily exotic nuances of the bromeliaceae, the details of the flowers, the velvet covering or the aggressiveness of the leaves and the combinations of colors.

Fortunately, a large part of her paintings and remarks have been preserved for posterity in her books: "Flowers of the Brazilian Forests", The Tryon Gallery, London, 1968; "Flowers of the Amazon", Distribuidora Record, Rio de Janeiro, 1980; "Margaret Mees's Amazon", an illustrated catalog of her paintings, with text by Simon Mayo, Royal Botanical Gardens, Kew, 1988; and "In Search of Flowers of The Amazon Forests", published by Tony Morrison, "Nonesuch Expeditions Ltd.", Woodbridge, Suffolk, 1989.

POSFACIO

To my good friend Bob Read, with my sincere compliments MH /1992

Estava chegando ao mundo e ela já ensaiava, em tela, os acordes que caracterizariam sua obra. Mal iniciava os primeiros passos e Margaret consolidava o gosto pelas bromélias. Quando achei que existia, Margaret Mee era um Mito. Lenda. A fada-fadinha que me encantou com sua-nossa paixão.

Belamente incompreensíveis são os caminhos que conduzem à construção da obra de uma vida. Me perguntem, numa visão panorâmica, qual o objeto marcante da obra de Margaret Mee. Direi — acusem-me de passional — os gravatás; tão plásticos, multicolores, polimorfos, tão imantados de vida. Como poderiam escapar aos sentidos da artista?

A inusitada beleza das folhagens e inflorescências não é, porém, a única razão para se cultuar essas plantas. Penetrando nos ecossistemas brasileiros, pouco a pouco é dado perceber ao observador mais atento o complexo de funções desempenhado pelas bromélias. Amedrontam, de início, seus diversos relacionamentos e parceiros ecológicos, mas por fim fascinam. São universos miniaturizados — mistério puro — onde orbitam milhares de seres vivos. São mundos muito particulares, com lagos, praias e pântanos. A flora é própria. Elevam-se cordilheiras de folhas-montanhas sobre vales profundos. Aí a fauna, peculiaríssima, busca abrigo.

No curso de eras, adaptações e mais adaptações foram necessárias para que alcançassem o status biológico hoje sustentado. Com grande versatilidade, conquistaram independência do solo. Nas folhas surgiram pelos, transformados à forma de escamas peltadas, com a capacidade invulgar de absorver nutrientes, como pequeninas bombas de sucção. As raízes passaram a servir primariamente para fixar a planta ao substrato. Livres, escaparam do solo e invadiram novos territórios. Ganharam ambientes extremos, sobre rochas nuas. Em cavalgada coletiva galgaram outros vegetais, dominando estrategicamente troncos e galhos. Ao mesmo tempo, somaram-se outros mecanismos fisiológicos e anatômicos voltados à economia do líquido fundamental à vida.

POSTFACE

I was arriving into this world and she was already practising, on canvas, the harmony that characterized her work. I was just learning to walk and Margaret was consolidating her love for bromeliads. When I became aware of my existence, Margaret Mee was already a myth. A legend. The fairy godmother who so enchanted me with her — our passion.

The paths that lead to the construction of a life's work are wonderfully incomprehensible. Ask me what, in an overview, the most outstanding object is in Margaret Mee's work, and I will tell you — although you may call me passionate — the bromeliads; so plastic, multicoloured, polymorphous, so vitally alive. How could they escape the perception of the artist?

The unusual beauty of the leaves and inflorescences is not however the only reason for admiring these plants. As one delves deeper into the Brazilian ecosystem, the more attentive observer will note the complex of functions performed by bromeliads. Iniatially, their various ecological relationships and partners are frightening, but later become fascinating. They are miniature universes — pure mystery — where thousands of life forms are in orbit. They are their own private worlds, with lakes, beaches and swamps. They have their own flora. Ranges of leaves-mountains rear up around deep valleys. There, its peculiar fauna seeks shelter.

Over the millennia, adaptations after adaptations were required for them to reach the biological state they now possess. With great versatility they conquered their independence from the soil. Leaves sprouted hairs, which turned into the form of furry scales, with the unique capacity of absorving nutrients like miniature suction pumps. Roots came to serve mainly as anchors to hold the plant to its substratum. Free, they escaped from the earth and occupied new territories. They conquered extreme environments, such as naked rocks. In a collective invasion they climbed onto other plants, dominating strategic trunks and branches. At the same time, other physiological and anatomical mechanisms came into play, concerned with saving the fundamental liquid of life.

Folhas longas, com a parte basal mais alargada, dispostas espiralado-rosuladamente em torno de eixo curtíssimo: por isso uma parte das bromélias consegue reter, além de quantidades de detritos, apreciável volume d'água. Fazem surgir lagos onde estes jamais poderiam existir, distantes, muitas vezes, dezenas de metros do solo. As espécies agigantadas podem guardar até 20 litros de água... numa floresta, gravatás chegam a acumular 50.000 litros por hectare.

A roseta de uma bromélia, vista por cima, mostra arquitetura peculiar: uma parte central mais ampla e profunda, onde retém maior volume d'água. Daí denominar-se "aquário" ou tanque. Já o "terrário" é constituído por laguinhos periféricos, formados pelo imbricamento das bainhas foliares. Porque rasos, secam mais facilmente e estão sempre repletos de detritos orgânicos dos mais variados. São restos vegetais, excrementos e cadáveres de pequenos animais e outras matérias. Quando decompostos, formam um "solo interno" rico em elementos minerais — um verdadeiro "solo substituto". Como ilhas de vida, suspensas, quase flutuantes, as bromélias multiplicam a diversidade biológica dos ambientes onde vivem. Nesse microcosmo são reunidos desde bactérias não-patogênicas, algas e fungos, até répteis, aves e mamíferos vistosos.

Nos diminutos pântanos periféricos podem germinar algumas plântulas. Aráceas introduzem aí suas raízes, em busca de fonte hídrica e de nutrientes. Insetívoras, como as utriculárias, serpenteiam seus finíssimos rizomas nas profundezas dos espaços interfoliares — não podem viver sem o corpo líquido. Lançam, em meio a esses tentáculos, numerosos saquinhos-armadilha que capturam vidinhas desavisadas. Seu troféu são flores azuis, em disfarce à luta pela sobrevivência.

Animais há em várias categorias, desde os bromelícolas eventuais até os bromelícolas obrigatórios e bromelígenas. Há os que atacam e consomem partes da própria planta; ou os que, saprófagos, se alimentam de detritos orgânicos acumulados nas rosetas; ou ainda os predadores. É certo que todos dependem direta ou indiretamente das bromélias, quer como fonte de alimento, campo de caça ou local de reprodução, quer como refúgio contra predadores ou simples recanto de lazer.

Existem seres que nascem, crescem e morrem sem jamais se afastarem de seu gravatá-hospedeiro. Nesses casos, apresentam adaptações morfológicas, fisiológicas e etológicas em razão das carências determinadas pelo meio. Nota-se, por exemplo, uma aranha cujo corpo é achatado e a especial disposição e movimentos das pernas lhe garante locomoção nos comprimidos

Long leaves with widened bases disposed spirally in a rosette around a very short axis: this allows some of the bromeliads to retain a considerable volume of water, in addition to a quantity of detritus. They cause lakes to appear where these could never exist, often tens of metres above the ground. The larger species are able to retain up to 20 litres of water... in a forest, the bromeliads may store 50,000 litres per hectare.

Seen from above, the rosette of a bromeliad shows a peculiar architecture: a wider, deeper central portion where most of the water is retained is known as an "aquarium" or "tank". The "terrarium" is comprised of peripheral small reservoirs formed by overlapping leaf sheaths. As they are shallow, they dry out more easily and are constantly filled with a quantity of organic detritus. This is composed of vegetable scraps, the excrement and bodies of small animals and other materials. As they decompose, they form an "internal soil" that is rich in mineral elements — a veritable "substitute soil". As islands of life, hanging, almost floating, bromeliads increase the biological diversity of the environments in which they live. This microcosm contains non-pathogenic bacteria, algae, fungi and even atractive looking reptiles, birds and mammals.

Some plantlets may germinate in the diminutive peripheral swamps. Araceae introduce their roots, seeking a source of water and nutrients. Insectivorous plants, such as the utricularia wind their fine rhizomes down to the depths of the interfoliar spaces, as they cannot live without liquid. In the midst of these tentacles, they shoot out a number of traps in the shape of bags to catch unwary little creatures. The trophy is blue flowers, masking the struggle for survival.

There are several classes of animals, from the occasional to the permanent dwellers in the bromeliads. There are those that attack and eat parts of the plant itself; those that are saprophagous, feeding off the organic detritus collected in the rosettes; and there are the predators. All of them depend directly or indirectly upon bromeliads, be it as a source of food, a hunting ground or a place for reproduction, or be it a refuge or a simple playground.

There are beings that are born, grow up and die without ever leaving their host bromeliads. In these cases they show morphological, physiological and ethological adaptions resulting from the particular needs in their environment. For example, a spider may be seen with a flattened body, and with a special arrangement and disposition of his legs which allows him to move inside the long narrow spaces between the leaves where he has chosen to live. The tree frogs have tadpoles with adapted bodies. They are born with a food supply sufficient escaninhos foliares que escolheu para viver. Das pererecas, destacam-se seus girinos. Com corpos adaptados, já nascem com reserva de nutrientes suficiente (vitelo), dispensando a necessidade de ingestão de alimentos até o estágio seguinte; ou, dizem, há os canibais, de molde a eliminar os competidores. Aliás, semelhante comportamento é também empregado por um tipo de mariposa. Após a eclosão dos ovos, depositados nas bainhas das folhas, suas lagartas devoram-se umas as outras. A única sobrevivente, vitoriosa pela força, brocará a planta, que terá poucas chances de continuar seu ciclo vegetativo.

A pequena lagarta de uma borboleta é ávida devoradora de frutos de bromélia, incluindo-se o abacaxi. Já outra espécie, muito rara, só se alimenta enquanto lagarta, pois a forma alada não possui aparelho bucal desenvolvido. Seu alimento são folhas de gravatás. Mas este animal tem preocupação com o "acabamento" de sua comilança. Por isso os "cortes" que faz antes de crisalidar são sempre oblíquos, simulando um ápice foliar falso. O objetivo é evitar que predadores o localizem visualmente pelo estado da planta atacada.

Crustáceos, lacraias, baratas-do-mato, formigas, libélulas são apenas alguns, entre tantos outros, que habitam bromélias. Pássaros, em grande variedade, também as visitam. Os beija-flores são perfeitos agentes polinizadores — ao lado de besouros, abelhas, borboletas e morcegos — e usam as sementes plumosas das tillandsioides no fabrico de ninhos. As avoantes, espécies de pomba do nordeste, buscam proteção para seus filhotes em meio às folhas de macambiras enfezadas.

Bromélias quando epífitas — elemento marcante da Mata Atlântica freqüentada por Margaret Mee — são responsáveis pela sustentação da diversidade biológica. Muitas vezes, quando o alimento fornecido por árvores e outros vegetais fracassa, entra em cena o gravatazal como recurso suplementar. Independentemente das flores e frutos — e até do próprio vegetal, não raro comestível — tornam disponível acima do solo gama infinita de invertebrados, convertidos em fonte perene de proteína. São, portanto, supermercados suspensos, frequentados por visitantes ilustres como o mico-leão-dourado, entre outros primatas. Tanto é que o manejo da flora bromeliológica é item obrigatório de projetos de preservação *in situ* desta espécie. Ainda, pela água que guardam, contribuem decisivamente para a formação de um microclima ideal, bem úmido e propício à instalação de vegetais e animais mais exigentes.

Bromélias, enfim, são um tipo de "biômetro". Através do vigor e diversidade de suas populações podemos

to last them until their next stage; or, it is said, some are cannibals, so as to eliminate competitors. A similar behaviour is also followed by a type of moth. Once its eggs, deposited in the leaf sheaths have hatched, the caterpillars eat one another. The sole victorious survivor then bores into the plant, which has a poor chance of continuing its vegetable cycle.

The small caterpillar of one type of butterfly is an avid devourer of bromeliad fruits, including the pineapple. Another very rare species only feeds while it is a caterpillar, as the winged insect has no fully developed mouth organs. Its food is bromeliads leaves, but the creature is also concerned about the "appearance" of its food source. For this reason, the shape of the cuts it makes in leaves before becoming a chrysalis are always oblique, simulating a false leaf apex. The objective is to prevent predators from locating him visually by the state of the plant he has attacked.

Crustaceans, centipedes, cockroaches, ants and dragonflies are just some of the many animals that inhabit bromeliads. A large variety of birds also visit them. Humming-birds are perfect pollinizing agents, and so are beetles, bees, butterflies and bats, which use the plumose seeds of the Tillandsioids *to line their nests. The* avoantes, *a type of Northeastern dove, protect their young among the leaves of the stunted* macambiras (Bromelia sp.).

When the bromeliads are epiphytic — typical of the Atlantic Forest visited by Margaret Mee — they are responsible for the sustenance of the biological diversity. Frequently, when food supplied by trees and other vegetable forms runs out, the bromeliads step in with a supplementary source. Independent of the flowers and fruit — and even of the vegetable itself, frequently edible — an infinite range of invertebrates become available above the ground, to be converted into a perennial source of protein. They are, therefore, hanging supermarkets, visited by illustrious visitors such as the Golden Lion Tamarin, among other primates. So much so that the management of the bromeliological flora is an obligatory item in the projects for in situ *preservation of this species. Also, due to the water they hold, they contribute significantly to the formation of an ideal micro climate, very humid and suitable for the subsistence of the more demanding plant and animal forms.*

Bromeliads are a type of "biometer", as through the diversity and health of their wild populations one may estimate the health of a given ecosystem and evaluate the rich animal life it countains.

It is impossible to travel through places where they grow in profusion, as Margaret Mee did, without becoming inferir o nível de "saúde" de um dado ecossistema e atinar para a riqueza faunística que encerra.

Impossível é percorrer seus locais de maior profusão, como o fez Margaret Mee, sem se deixar contagiar por sua presença. Principalmente quando, desde o início, foi orientada por botânicos especialistas, destacando-se o insuperável Lyman B. Smith. Mas, em pouco tempo, a eles se antecipava. Como artista-botânica, artista pois em dobro, esteve à frente da ciência. Revelou descobertas das mais inesperadas e que até hoje — passados 30 anos de sua fase paulista — surpreendem: *Aechmea meeana* Pereira & Reitz, *Neoregelia margaretae* L.B. Smith, *Neoregelia meeana* Reitz e o ainda inédito *Nidularium meeanum* Leme são apenas alguns exemplos. Carregam, em homenagem, o nome da descobridora. Porém, muitas outras espécies novas e sem nome — como uma *Neoregelia*, retratada neste livro — ainda existem e continuam a desafiar os pesquisadores.

E se mal conhecemos as bromélias existentes; se permitimos que muitas desapareçam, antes mesmo de serem classificadas, no agonizar de ecossistemas inteiros, não podemos deixar de venerar a obra de Margaret Mee. Não se pode abafar o grito em prol da vida gravado em cores em cada uma de suas telas. Por isso a artista conseguiu o que muitos perseguiram em vão: o que Edouard Morren (1833 - 1886), apaixonado pelas bromélias e com vultosa iconografia, idealizou: cristalizar um momento em plena natureza, um momento perpétuo.

Todos nós carecíamos deste livro, tão valorizado pelo texto e comentários de Maria das Graças Lapa Wanderley. Inconcebível era admitir que trabalhos de tanta beleza plástica e importância científica permanecessem fora do alcance da maioria das pessoas: são bromélias vivificadas em aquarelas. Podemos identificá-las cientificamente através da realística genialidade de Margaret Mee. Estão aí e quase podem ser tocadas. Perfumam o ambiente... de uma delas, tenho a impressão de ver um agente polinizador em fuga.

ELTON LEME
Herbarium Bradeanum

affected by their presence. Especially as, from the first, she was guided by specialized botanists such as incomparable Lyman B. Smith. But in a short time she beat them to it. As an artist-botanist, therefore an artist twice times over, she was in the forefront of her science. She came up with unexpected discoveries which even today — 30 years after her period in São Paulo — are surprising: Aechmea meeana *Pereira & Reitz,* Neoregelia margaretae *L.B. Smith,* Neoregelia meeana *Reitz and the still unpublished* Nidularium meeanum *Leme are just a few examples. They bear their discoverer's name as a kind of tribute. Many other new and unnamed species, however — such as* Neoregelia, *depicted in this book — still exist and continue to challenge researchers.*

If we hardly know the existing bromeliads; if we allow many of them to disappear before they are so much as classified in the demise of entire ecosystems, we cannot but honour the work of Margaret Mee. There is no way to quell the cry for life displayed in colour in each of her paintings. For this reason the artist has achieved that which many have pursued in vain: which Edouard Morren (1833 — 1886), with a passion for bromeliads and with a great iconography dreamed of, to crystalize a moment in nature, a perpetual moment.

We all needed this book, so valorized by its text and commentary by Maria das Graças Lapa Wanderley. It is incomprehensible that works of art of such beauty and scientific importance should remain beyond the reach of so many people: her bromeliads live again in watercolours. We may identify them scientifically through the realistic genius of Margaret Mee. There they are, almost touchable, adding their perfume to the air... from one of them I have the impression that I can see a pollinizing agent running away.

ELTON LEME
Herbarium Bradeanum

BIBLIOGRAFIA: BROMÉLIAS / *BIBLIOGRAPHY: BROMELIADS*

OLIVE-ESTIVA, F. & STEYERMARK, J.A. 1987. Bromeliaceas of Venezuela. Caracas-Venezuela. 397 pg.

SMITH, L.B. & DOWNS, R. 1974. Monograph Pitcairnioideae (Bromeliaceae). Flora Neotrópica 14: 1-658.

SMITH, L.B. & DOWNS, R. 1977. Monograph Tillandsioideae (Bromeliaceae). Flora Neotrópica 14 (2): 663-1492.

SMITH, L.B. & DOWNS, R. 1979. Monograph Bromelioideae (Bromeliaceae). Flora Neotrópica 14 (3): 1493-2.142.

BIBLIOGRAFIA: MARGARET MEE / *BIBLIOGRAPHY: MARGARET MEE*

MEE, Margaret. Flowers of the Brazilian Forest, The Tryon Gallery, London, 1968.

MEE, Margaret. Flowers of the Amazon, Distribuidora Record, Rio de Janeiro, 1980.

MEE, Margaret. Margaret Mee's Amazon, Royal Botanical Gardens, Kew, 1988 (catálogo).

MEE, Margaret. In Search of Flowers of the Amazon Forests, Nonesuch Expeditions Ltd., Woodbridge, Suffolk, 1980.

EXPOSIÇÕES / *EXHIBITIONS*

1959 - Biblioteca Nacional do Rio de Janeiro; Instituto de Botânica de São Paulo.
1967 - Museu de Arte de São Paulo; Garden Library, Dumbarton Oaks, Washington.
1968 - Hunt Botanical Library, Pittsburg and Seattle; Tryon Gallery, Londres.
1969 - Tryon Gallery, Londres
1970 - Tryon Gallery, Londres
1973 - Moorland Gallery, Londres
1979 - Tryon Gallery, Londres
1980 - The British Museum (Natural History), Londres
1981 - Museu Naval, Rio de Janeiro
1982 - Museu de Arte de São Paulo